丛书总主编　陈宜瑜
丛书副总主编　于贵瑞　何洪林

中国生态系统定位观测与研究数据集

森林生态系统卷

内蒙古大兴安岭站

（2009—2015）

张秋良　王　冰　郝　帅　主编

中国农业出版社

北京

图书在版编目（CIP）数据

中国生态系统定位观测与研究数据集．森林生态系统
卷．内蒙古大兴安岭站：2009-2015 / 陈宜瑜总主编；
张秋良，王冰，郝帅主编．—北京：中国农业出版社，
2023.11
　　ISBN 978-7-109-31432-0

　　Ⅰ.①中…　Ⅱ.①陈…　②张…　③王…　④郝…　Ⅲ.
①生态系—统计数据—中国②森林—生态系统—统计数据
—大兴安岭地区—2009-2015　Ⅳ.①Q147②S718.55

　　中国国家版本馆 CIP 数据核字（2023）第 210187 号

ZHONGGUO SHENGTAI XITONG DINGWEI GUANCE YU YANJIU SHUJUJI

中国农业出版社出版

地址：北京市朝阳区麦子店街 18 号楼
邮编：100125
责任编辑：李昕昱　　文字编辑：郝小青
版式设计：李　文　　责任校对：吴丽婷
印刷：北京印刷一厂
版次：2023 年 11 月第 1 版
印次：2023 年 11 月北京第 1 次印刷
发行：新华书店北京发行所
开本：889mm×1194mm　1/16
印张：8.5
字数：250 千字
定价：78.00 元

丛书指导委员会

丛书编委会

编委会

主　编　张秋良　王　冰　郝　帅

编　委　田　原　温　晶　李嘉悦　刘　璇

　　　　魏玉龙

进入 20 世纪 80 年代以来，生态系统对全球变化的反馈与响应、可持续发展成为生态系统生态学研究的热点，通过观测、分析、模拟生态系统的生态学过程，可为实现生态系统可持续发展提供管理与决策依据。长期监测数据的获取与开放共享已成为生态系统研究网络的长期性、基础性工作。

国际上，美国长期生态系统研究网络（US LTER）于 2004 年启动了 Eco Trends 项目，依托 US LTER 站点积累的观测数据，发表了生态系统（跨站点）长期变化趋势及其对全球变化响应的科学研究报告。英国环境变化网络（UK ECN）于 2016 年在 *Ecological Indicators* 发表专辑，系统报道了 UK ECN 的 20 年长期联网监测数据推动了生态系统稳定性和恢复力研究，并发表和出版了系列的数据集和数据论文。长期生态监测数据的开放共享、出版和挖掘越来越重要。

在国内，国家生态系统观测研究网络（National Ecosystem Research Network of China，简称 CNERN）及中国生态系统研究网络（Chinese Ecosystem Research Network，简称 CERN）的各野外站在长期的科学观测研究中积累了丰富的科学数据，这些数据是生态系统生态学研究领域的重要资产，特别是 CNERN/CERN 长达 20 年的生态系统长期联网监测数据不仅反映了中国各类生态站水分、土壤、大气、生物要素的长期变化趋势，同时也能为生态系统过程和功能动态研究提供数据支撑，为生态学模型的验证和发展、遥感产品地面真实性检验提供数据支撑。通过集成分析这些数据，CNERN/CERN 内外的科研人员发表了很多重要科研成果，支撑了国家生态文明建设的重大需求。

近年来，数据出版已成为国内外数据发布和共享，实现"可发现、可访问、可理解、可重用"（即 FAIR）目标的重要手段和渠道。CNERN/CERN 继 2011 年出版"中国生态系统定位观测与研究数据集"丛书后再次出版新一期数据集丛书，旨在以出版方式提升数据质量、明确数据知识产权，推动融合专业理论或知识的更高层级的数据产品的开发挖掘，促进 CNERN/CERN 开放共享由数据服务向知识服务转变。

该丛书包括农田生态系统、草地与荒漠生态系统、森林生态系统及湖泊湿地海湾生态系统共 4 卷（51 册）以及森林生态系统图集 1 册，各册收集了野外台站的观测样地与观测设施信息，水分、土壤、大气和生物联网观测数据以及特色研究数据。本次数据出版工作必将促进 CNERN/CERN 数据的长期保存、开放共享，充分发挥生态长期监测数据的价值，支撑长期生态学以及生态系统生态学的科学研究工作，为国家生态文明建设提供支撑。

2021 年 7 月

　　科学数据是科学发现和知识创新的重要依据与基石。大数据时代，科技创新越来越依赖于科学数据综合分析。2018 年 3 月，国家颁布了《科学数据管理办法》，提出要进一步加强和规范科学数据管理，保障科学数据安全，提高开放共享水平，更好地为国家科技创新、经济社会发展提供支撑，标志着我国正式在国家层面开始加强和规范科学数据管理工作。

　　随着全球变化、区域可持续发展等生态问题的日趋严重以及物联网、大数据和云计算技术的发展，生态学进入了"大科学、大数据"时代，生态数据开放共享已经成为推动生态学科发展创新的重要动力。

　　国家生态系统观测研究网络（National Ecosystem Research Network of China，简称 CNERN）是一个数据密集型的野外科技平台，各野外台站在长期的科学研究中积累了丰富的科学数据。2011 年，CNERN 组织出版了"中国生态系统定位观测与研究数据集"丛书。该丛书共 4 卷、51 册，系统收集整理了 2008 年以前的各野外台站元数据，观测样地信息与水分、土壤、大气和生物监测以及相关研究成果的数据。该丛书的出版，拓展了 CNERN 生态数据资源共享模式，为我国生态系统研究、资源环境的保护利用与治理以及农、林、牧、渔业相关生产活动提供了重要的数据支撑。

　　2009 年以来，CNERN 又积累了 10 年的观测与研究数据，同时国家生态科学数据中心于 2019 年正式成立。中心以 CNERN 野外台站为基础，生态系统观测研究数据为核心，拓展部门台站、专项观测网络、科技计划项目、科研团队等数据来源渠道，推进生态科学数据开放共享、产品加工和分析应用。为了开发特色数据资源产品、整合与挖掘生态数据，国家生态科学数据中心立足国家野外生态观测台站长期监测数据，组织开展了新一版的观测与研究数据集的出版工作。

本次出版的数据集主要围绕"生态系统服务功能评估""生态系统过程与变化"等主题进行了指标筛选，规范了数据的质控、处理方法，并参考数据论文的体例进行编写，以翔实地展现数据产生过程，拓展数据的应用范围。

该丛书包括农田生态系统、草地与荒漠生态系统、森林生态系统以及湖泊湿地海湾生态系统共 4 卷（51 册）以及图集 1 本，各册收集了野外台站的观测样地与观测设施信息，水分、土壤、大气和生物联网观测数据以及特色研究数据。该套丛书的再一次出版，必将更好地发挥野外台站长期观测数据的价值，推动我国生态科学数据的开放共享和科研范式的转变，为国家生态文明建设提供支撑。

2021 年 8 月

内蒙古大兴安岭森林生态系统国家野外科学观测研究站（简称大兴安岭生态站）筹建于 1991 年，技术依托单位和建设单位为内蒙古农业大学，是国家林业和草原局在我国寒温带高纬度林区批准建立的最早的森林生态系统定位观测研究站，该站属于国家陆地生态系统定位观测研究站网（CEN），2005 年通过科技部评估，正式进入国家生态系统观测研究网络（CNERN）成为国家野外科学观测研究站。大兴安岭生态站是首批国家林业和草原长期科研基地、内蒙古自治区研究生联合培养基地、内蒙古自治区科普示范基地、国防科工局高分真实性检验场站网、林业发展高层次人才服务基地。经过 30 年的发展，大兴安岭生态站根据区域特点，以寒温带兴安落叶松森林生态系统为主要研究对象，系统地开展了气候变化与森林生态系统演变响应，雪生态与冻土消融观测研究，森林生态系统碳、氮、水、热观测研究，森林-湿地-冻土耦合关系研究，森林生态水文过程观测研究，森林土壤温室气体通量观测研究，退化森林生态系统恢复与重建技术，次生林抚育更新技术研究，森林生态系统服务功能与森林可持续经营等方面的观测研究工作，积累了大量的观测研究数据。

本数据集为大兴安岭生态站依据《农田、森林、草地与荒漠、湖泊、湿地、海湾生态系统历史数据整理指南》《中国国家生态系统观测研究网络森林生态系统定位观测与研究数据集整理指南》编纂，以整理、搜集、共享大兴安岭生态站长期监测和研究数据的精华为宗旨，在对大量野外实测数据的统计汇编和精简编撰的基础上整合而成，内容涵盖大兴安岭生态站的地理特点和区域优势、主要研究数据资源目录、观测场地和样地信息、2009—2015年承担国家生态系统观测研究网络（CNERN）水分、土壤、气象、生物监测任务的数据资源，可以说是大兴安岭生态站长期定位观测研究成果的集中体现。

本书第一章台站介绍由张秋良、王冰撰写，第二章主要样地与场地由张秋良、郝帅、王冰汇编和整理，第三章长期监测数据生物数据由郝帅、李嘉悦整理和编辑，水分数据和土壤数据由郝帅、田原、刘璇整理和编辑，气象数据由王冰、温晶整理和编辑，第四章台站特色研究数据由王冰、魏玉龙整理和编辑，第五章数据统计分析由王冰整理和编辑。全书由张秋良、王冰指导和审核，具体负责全文的统稿事宜。在本数据集汇编之际，特别要感谢张永亮、王淑梅、孙长磊、王彦军等同志在野外观测一线的坚守和奉献，是他们多年来坚守根河大兴安岭生态站，兢兢业业，数十年如一日地坚守和付出，才有了本书水、土、气、生的大量的基础数据。同时，对给予数据集前期参与数据的统计、整理的弓致奇、张欣、邓培等表示感谢。虽然我们已经对该数据集进行了精心的核对，力求准确合理，然而书中错误之处可能还是在所难免，敬请对该数据集感兴趣的各位学者同仁批评指正。

本数据集是寒温带大兴安岭林区多年冻土-湿地-森林复合系统在全球气候变化背景下，森林对全球气候变暖响应的集中体现，可为致力于研究森林生态系统元素生物地球化学循环的学者提供一定的理论依据，同时也可供各科研院所、大专院校和对相关研究区域感兴趣的广大科研人员参考和使用。如您在数据使用过程中存在疑虑或者还需提供帮助，请直接联系大兴安岭森林生态系统国家野外科学观测研究站或相关内容的编者，数据集内相关数据可登陆大兴安岭森林生态系统国家野外科学观测研究站网络

（http：//dxf. cern. ac. cn）资源服务板块申请获取数据。

最后，感谢长期以来指导和支持大兴安岭生态站野外观测试验的专家学者们！感谢国家生态系统观测研究网络数据中心在本书编写过程中给予的帮助和支持！

编　者

2021 年 10 月

CONTENTS 目 录

第1章

台 站 介 绍

1.1 概述

内蒙古大兴安岭森林生态系统国家野外科学观测研究站（简称大兴安岭生态站）筹建于1991年，建设单位为内蒙古农业大学，是国家林业局和草原局国家陆地生态系统定位观测研究站网（CEN）在我国寒温带高纬度林区建立的最早的森林生态系统定位观测研究站。2004年入选联合国粮食及农业组织（FAO）的全球陆地观测系统的陆地生态系统监测网络（TEMS），2005年被科学技术部批准进入国家生态系统观测研究网络（CNERN）。大兴安岭生态站建在内蒙古大兴安岭国有林管理局根河林业局潮查林场内，地理坐标为121°30′00″E—121°31′00″E、50°49′00″N—50°51′00″N，距内蒙古根河市约15 km，海拔800～1 000 m，研究区总面积11 000 hm²，是我国寒温带针叶林最具地带性、群落代表性、典型性和寒温带物种多样性的长期定位观测研究站。

1.2 研究方向

大兴安岭生态站地处寒温带高纬度湿润气候区，按照国家生态系统野外观测研究站的网络布局，代表区域为大兴安岭北部针叶林生态区（IA1），植被类型为以兴安落叶松（*Larix gmelinii*）为主的北方针叶林，是我国唯一的寒温带明亮针叶林区、寒温带生物多样性聚集地，同时也是黑龙江、嫩江等水系及其主要支流的重要源头和水源涵养区，还是我国天然林资源保护工程、"两屏三带"生态安全屏障和木材战略储备基地的重要区域，根据区域特点和国家战略、科技发展需求，本站的目标和任务如下：

1.2.1 总体目标

大兴安岭生态站以兴安落叶松原始林、不同干扰梯度下的天然次生林和人工林等寒温带森林生态系统为研究对象，以全球气候变化为背景，结合天然林保护、退耕还林和森林质量精准提升（规划）等重大林业生态工程，通过对个体—种群—群落—生态系统—区域等多尺度的长期监测研究，开展兴安落叶松生态系统的形成与演变、结构与功能的时空动态、退化与恢复的生态过程及其对全球气候变化和干扰过程的响应适应机制等基础研究，开展森林生态系统服务功能维持与调控、健康保育、退化森林生态系统植被恢复和森林可持续经营技术等应用研究，为国家和区域生态建设与环境保护、生态服务功能维护与生态安全、气候变化外交谈判、森林可持续发展等提供科学数据、决策依据和技术支撑。力求把大兴安岭生态站建设成为国内一流、国际知名的集科学观测、科学研究、科技支撑和人才培养于一体的开放式观测研究平台和长期科研试验基地。

1.2.2　主要任务

1.2.2.1　定位观测

针对兴安落叶松生态系统顶级群落及其经过各种干扰而形成的天然次生林和人工林生态系统，按照国家林业行业标准、生态站建设标准和国家生态系统观测研究网络制定的观测指标体系，建立长期观测样地，开展生态系统的水分、土壤、大气、生物等要素的长期定位观测，获取长期的、符合国家生态系统观测研究网络观测规范的、有质量保证的生态系统长期定位观测数据。主要观测内容包括：生态系统的大气要素（辐射、温度、降水、相对湿度等）；水分要素（生态系统的水环境物理要素和水环境化学要素等）；生物要素（包括生境、生物的微量元素、植物组成、生物量等）；土壤要素（包括土壤物理要素土壤质地、机械组成等和土壤，化学要素土壤有机质、氮、磷、钾等）。

按国家生态系统观测研究网络的数据管理制度向综合中心及时汇交观测研究数据，参照数据规范，形成长期定位观测数据集并及时更新生态站数据信息系统的数据库，建立有区域特色、质量可靠的生态系统长期观测数据集。

按照综合中心制定的各类资源元数据信息规范要求，完成仪器、设备、样地、标本以及样品资源的信息化工作，并及时汇交到综合中心。

依托科学技术部科技基础条件平台中心的"国家科技基础条件平台运行服务管理系统"，每年填报实物资源、行政管理、观测研究等信息数据以及信息资源、专题的服务情况和综合信息。

1.2.2.2　科学研究

以兴安落叶松生态系统为研究对象，系统研究其结构与功能、生物多样性格局与变化、森林火灾等生态学现象和过程，森林、冻土、湿地对气候变化的响应及温室气体的吸收与排放特征等；探索兴安落叶松林动态规律、干扰及对全球变化的响应与适应机制；揭示兴安落叶松生态系统组成、结构与气候环境间的关系，监测人类活动对森林生态系统的冲击与其自我调节过程，建立兴安落叶松林生态系统动态评价、监测和预警体系。为兴安落叶松生态系统保护、修复、管理与可持续发展提供科学依据、政策支持和可操作的技术。主要研究方向和内容：

（1）森林、冻土、湿地退化机制及保护措施研究

包括森林、冻土、湿地退化特征及机理研究，冻土、湿地、森林相互依存关系研究，高纬度冻土冻融过程温室气体的吸收与排放特征与林火干扰分析研究。

（2）兴安落叶松林生态系统水、碳、氮循环过程对全球变化的响应与适应机制研究

包括兴安落叶松林生态系统碳水循环过程特征及其相互关系研究，生态系统氮循环过程特征研究，兴安落叶松生态系统物种变化对气候变化的响应研究。

（3）退化生态系统恢复、森林可持续经营关键技术研究

包括森林结构与功能研究，退化森林生态系统恢复与重建技术研究，森林生态系统服务功能定位观测与评估技术研究，森林保护与多功能经营理论技术研究和林下资源保护利用研究。

1.2.2.3　科技服务和人才培养

通过科学观测数据和研究成果，建立兴安落叶松生态系统经营试验示范林和样板基地，为生态建设和森林可持续经营提供技术支撑。为研究生、本科生、中小学生提供生态学研究、生态科普、森林研学等教学基地，为国内外同行专家提供学术交流平台，为社会公众提供一个优质的生态文明宣教基地。

1.2.3　区域、领域代表性与国家战略和科技发展的相符性

1.2.3.1　区域和领域代表性

大兴安岭生态站地处寒温带湿润气候区，该区年平均气温−5.4 ℃，最低气温−50.0 ℃，最高

气温 40 ℃。年降水量 450~550 mm，60％集中在 7 月、8 月，9 月末至翌年 5 月初为降雪期，降雪厚度 20~40 cm，全年地表蒸发量 800~1 200 mm，无霜期 80 d 左右。按照国家生态系统野外观测研究站的网络布局，大兴安岭生态站代表区域为大兴安岭北部针叶林生态区。生态站研究区总面积 11 000 hm²，森林覆盖率为 75％，森林蓄积量 50 万 m³，其中有未受人为干扰的原始林 3 200 hm²。植被类型为以兴安落叶松为主的北方针叶林，伴生树种有白桦和山杨，主要林型有杜香落叶松林、杜鹃落叶松林、草类落叶松林、藓类落叶松林和偃松落叶松林等。地貌为低山山地，最高海拔 1 116 m，最低海拔 810 m，平均坡度 12°。河谷开阔形成沼泽湿地。土壤以棕色针叶林土为主，苔藓枯枝落叶层发育较厚，滞水性强，土层 30~40 cm，含有较多石砾，河谷分布有草甸土和沼泽土，有大面积连续多年冻土分布。森林、冻土、湿地（沼泽）三者相互依存、相互影响，共同组成了相互不可分割的自然地理景观，成为我国独具特色的寒温带针叶林森林生态系统，是环球北方针叶林或泰加林带在我国最大的延伸，是全球寒温带天然针叶林生态系统的重要组成部分。大兴安岭林区乔木生态幅宽，灌木草本生态幅窄，兴安落叶松林分布的生境类型丰富多样，同时是自然火灾雷击火频繁发生区域。在生态学、林学、地理学、环境科学和气候学等研究上，具有独特代表性。大兴安岭生态站经过近 30年的建设形成了以下研究基础与特色：

在原始林、皆伐更新林和渐伐更新林试验区建立了长期固定观测样地，为研究兴安落叶松生态系统完整的生长发育过程、生态过程和干扰过程奠定了良好基础。

具有按照林型、自然垂直分布梯度和年龄序列设置的研究样地，是研究兴安落叶松群落特征、生境特征和时空变化特征的理想场地。

大兴安岭生态站位于寒温带高纬度区域，有常年冻土分布，生态站设置的冻土观测场，是开展森林生态系统对全球变化的响应适应和反馈机理研究的理想基地。

大兴安岭生态站设置了不同强度中、幼龄林抚育间伐和退化次生林改培等长期观测样地，建立了森林可持续经营试验示范区，具备了研究提升森林质量和生态服务功能的基础，同时也可满足监测评价、科学研究、人才培养、生产示范的四大中心任务。

1.2.3.2　国家战略和科技发展需求

党的十八大把生态文明建设列为建设中国特色社会主义"五位一体"的总体布局之一，确定了"优化国土空间开发格局、全面促进资源节约、加大自然生态系统和环境保护力度、加强生态文明制度建设"四大战略任务。党的十八届五中全会提出"实施山水林田湖生态保护和修复工程，筑牢生态安全屏障"，开展山水林田湖生态保护修复是生态文明建设的重要内容，为进一步全面提升自然生态系统稳定性和生态服务功能奠定了基础。

（1）生态地位和战略地位十分重要

大兴安岭林区是我国"两屏三带"生态安全战略格局中东北森林带的重要组成部分，处于我国主体生态功能区规划的 25 个国家重点生态功能区之一"大小兴安岭森林生态功能区"、我国林业发展"十三五"规划中"一圈三区五带"总体格局的"东北生态保育区"，规划要求加强天然林保护和植被恢复，对天然林停止商业性采伐，植树造林，涵养水源，保护野生动物，重点保护好森林资源和生物多样性，发挥东北生态安全屏障的作用。大兴安岭林区面积大约 19 万 km²。境内有流域面积 50 km²以上河流 154 条，有流域面积 1 000 km² 以上河流 28 条和多处湿地，是黑龙江、嫩江等水系及其主要支流的重要源头和水源涵养区，是我国寒温带针叶林的重要分布区，也是我国面积最大且集中连片的重点国有林区，该区丰富的生物多样性对维持区域生态平衡、保障国家和东北亚生态安全具有重要的作用，是我国重要商品粮和畜牧业生产基地的天然屏障，对调节东北平原、华北平原乃至全球气候具有无可替代的保障功能。

（2）我国重要的木材战略储备基地

木材安全是关系生态文明和社会主义现代化建设的重大战略问题。中共中央、国务院对此高度重视。《生态文明体制改革总体方案》《国民经济和社会发展第十三个五年规划纲要》、2013 年中央 1 号文件、2015 年中央 1 号文件、2017 年中央 1 号文件对建立国家储备林制度、加强国家储备林基地建设等做出了安排部署。2018 年 3 月，国家林业与草原局组织编制了《国家储备林建设规划（2018—2035 年）》，规划明确了在大兴安岭多年平均降水量 400～600 mm 的区域建立国家储备林建设工程区。在保证生态安全的基础上，通过人工林集约栽培、现有林改培抚育及补植补造等措施，营造和培育工业原料林、乡土树种林、珍稀树种林和大径级用材林等多功能森林。

（3）科技发展的重要性和紧迫性

历史上，粗放型的发展模式导致土地退化，原始天然林已受到较严重破坏，出现了不同程度的生态退化，现有次生林的水源涵养能力有所下降，生态空间出现缩小趋势，生态功能退化，支撑区域可持续发展的能力严重受损。近年来，国家先后出台系列政策，加强大兴安岭生态保护和生态环境建设。国务院《东北地区振兴规划》指出，要把东北建设成为"国家生态安全的重要保障区"。2016 年 4 月，中共中央、国务院提出了《关于全面振兴东北地区等老工业基地的若干意见》，明确指出"打造北方生态屏障和山青水绿的宜居家园。生态环境也是民生""努力使东北地区天更蓝、山更绿、水更清，生态环境更美好"。国家在大兴安岭林区实施了"天然林资源保护工程""退耕还林工程""森林质量精准提升工程"（规划）等林业生态重点工程，采取了一系列植被恢复措施，森林总量持续增长，森林质量不断提高，森林资源得以休养生息，生境质量有所改善。但是，作为我国最大的重点国有林区，大兴安岭森林生态系统的功能远没有充分发挥。如何加强森林资源的保护与经营，科学开展森林抚育、退化生态系统修复，促进森林正向演替，尽快提升森林生态系统服务功能，充分发挥森林多种效益，保持和增强森林生态系统健康稳定、优质高效，维持和提高林地生产力，需要根据区域特点和国家经济社会发展需求开展长期科学观测研究。

1.3 基础条件

1.3.1 试验场地情况

大兴安岭生态站研究区面积 11 000 hm^2，分布有经过 20 世纪 80 年代皆伐、渐伐的更新林和未经人为干扰的原生林。研究区设有兴安落叶松原始林、渐伐更新林、皆伐更新林 3 个试验区，分别设置了通量观测场（能量）、水分平衡场、坡面径流场、植被场、标准自动气象观测场、冻土观测场（11 眼观测井）。设有 50 m×50 m 长期固定观测样地 6 块、公顷样地 1 块、各类科研固定样地 46 块、森林可持续经营示范区 1 处，包括中、幼龄林不同强度抚育间伐固定样地和天然更新、人工促进天然更新和白桦林诱导混交林等试验示范林样地 10 块。定期维护试验场地和观测设施，复查固定样地，保证观测数据的准确、完整和连续。

1.3.2 仪器设备情况

大兴安岭生态站拥有气象、土壤、水文、植物生理生态和室内分析仪器 231 台（套），包括 65 m 碳水通量观测塔（分 7 个梯度对空气温度、湿度、风速、风向、降水和辐射等常规气象因子以及碳通量进行监测，同时测定土壤热通量、土壤含水量等）、10 m 气象站、6 m 气象站和冰雪观测站、多通道便携土壤温室气体测定系统、碳同位素监测系统、氮氧化合物检测仪、光谱分析仪、便携式叶绿素荧光成像仪、土壤水势监测仪、土壤水分测定仪、土壤入渗测定仪、土壤紧实度测量仪、冻土温度检测仪、植物茎流测定系统、光合分析仪、叶面积分析仪、负氧离子测定仪、甲烷监测仪、冠层分析仪、年轮分析仪、自动化学分析仪等仪器设备。大兴安岭生态站定期对所有观测仪器进行标定、维护和更新，基本保证了观测数据的连续性和准确性。这些仪器基本可以满足大兴安岭生态站的野外观测研究需要，部分室内分析在内蒙古农业大学实验室进行，主要仪器设备见表 1-1。

表1-1 主要仪器设备

仪器名称	生产厂家	仪器总价（万元）	仪器型号	仪器功能
碳氧循环廓线测量系统	美国 LI－COR 公司	60.00	CCIA/WVIA	采用双反射镜的离轴积分腔输出光谱技术（OA－ICOS），被广泛应用于森林生态学、环境科学、湖泊学等领域，对CO_2中稳定碳氧元素进行分析研究，得到精确的$^{13}C/^{12}C$、$^{18}O/^{16}O$、CO_2浓度、水汽浓度等测量参数，并由廓线法获得这些参数的通量数据
氮氧化物检测仪	北京宏昌信科技	40.00	908－0001	测定氮氧化物含量
全自动化学分析仪	法国爱利安斯科学仪器公司	34.00	SmartChem140	SmartChem全自动化学分析仪又叫离散式化学分析仪或间断式化学分析仪，应用于水质监测（包含海水、生活污水、工业废水、地下水、河水、饮用水等）、土壤溶液监测等领域
甲烷分析仪	美国 LGR 公司	30.00	908－0001	采用连续光源的连续波光腔衰荡光谱测定光谱分辨率和探测灵敏度。主要应用于火焰、等离子体诊断、大气成分监测、反应动力学等领域
自动气象站	美国康姆通公司	27.36	CR3000	自动观测站区气象因子
多参数水质监测仪	美国洛联（Lucenline）科技公司	25.00	APS	检测水中各种参数是否超标
连续流动分析仪	法国 Futura 公司	10.00	SKD－100	流量测定
便携式光合仪	美国基因公司	30.00	LI－6400	通过控制叶片周围的CO_2浓度、H_2O浓度、温度、相对湿度、光照强度和叶室温度等条件，同时测量植物叶片的气体交换、荧光参数和呼吸参数等指标
便携式叶绿素荧光成像仪	捷克 PSI 公司	25.00	FluorCam	检测植物发出荧光的动态变化和空间分布，摄取Kautsky效应过程、荧光淬灭及其他瞬时荧光过程（瞬变），从而提供二维荧光图像
年轮分析仪	德国 Rinntech 公司	10.20	LINTAB	LINTAB是一款数字型年轮分析工作台，可以对树木生长锥样芯或年轮盘切片进行高度精确性和稳定性的年轮分析，与TSAP软件配合使用，应用于森林生长、生态学等方面的研究
便携式手持叶面积仪	北京澳作公司	6.00	AM－300	AM-300手持式叶面积仪是一种便携式手持叶面积仪，可快速、精确、无损地在野外测量植物叶面积及相关参数。主要用于叶面积等相关参数的测量，植物叶片受损伤、变色或病态等分析
树干茎流仪	美国 Dynamax 公司	40.00	Probe12－DL	测量植物茎流，用雨量计和土壤湿度探针测量降水和土壤含水量，从而利用数据判定植物水分收支状况
多通道便携土壤温室气体测量系统	美国 LI－COR 公司	75.00	LI－8150	该设备可以高精度、快速、在线测量土壤4个点CO_2、甲烷、水汽浓度。也可以单点便携测量土壤CO_2、甲烷、水汽通量。可在实验室或者野外使用，体积小巧，功耗低。不受其他气体成分干扰，也不受大气压变化的影响。可采用直流或交流电源供电，用于野外长期自动监测或便携式测量

（续）

仪器名称	生产厂家	仪器总价（万元）	仪器型号	仪器功能
土壤紧实度测量仪	杭州托普仪器有限公司	20.00	EM50	测量土壤紧实度
土壤水势测定仪	德国 Ecomatik 公司	10.00	EQ15	能准确测定土壤水势、水分、导水率等土壤水利性质参数，在研究土壤水分的流动、植物的抗旱生理、自动控制节水灌溉、土壤湿度监测等方面有十分重要的意义
土壤含水量监测仪	美国 Decagon 公司	6.99	ECH$_2$O	实时监测样地内土壤含水量

1.3.3 条件保障情况

1.3.3.1 林地使用权

2004 年国家林业局发布《国家林业局关于根河林业局内蒙古大兴安岭落叶松林生态定位研究站占用林地的批复》（林资林地批字〔2004〕019 号），内蒙古大兴安岭林业管理局转发给根河林业局〔《关于转发国家林业局关于根河林业局内蒙古大兴安岭落叶松林生态定位研究站占用林地的批复》（内兴林局字〔2004〕199 号）〕，建设单位内蒙古农业大学与根河林业局于 2005 年 5 月 20 日正式签署了土地使用权协议，使用年限为 50 年（1991—2041 年），保证了大兴安岭生态站的长期观测用地。

1.3.3.2 工作和生活设施

大兴安岭生态站在内蒙古农业大学校区拥有 400 m² 的办公场所（含办公室，实验室，观测数据接收和分析室，集样品展示、资料保存、学术研讨于一体的学术报告厅），建立了生态专门网站（网址：http://dxf.cern.ac.cn/），拥有专用服务电话，校区：0471 - 4300731，野外站区：0470 - 5224002 转 211、212 或 213。野外站区分别在试验区和根河市内建有 463 m² 和 1 030 m² 的综合实验楼，安排有办公用房、试验用房和生活用房，实验室可提供基本的样品处理和分析，可满足近 80 人的工作和生活，交通工具有摩托车 2 辆、越野车 1 辆，基本能保证数据的采集和维护需要（图 1-1）。

图 1-1　大兴安岭生态站观测研究场所

1.3.3.3 其他支撑条件

根河林业局非常重视和支持大兴安岭生态站工作，与大兴安岭生态站签署了联合共建协议，与试验区所在根河林业局潮查林场签署了共管协议，并配备专门人员配合大兴安岭生态站管理和建设。

1.4　观测研究

1.4.1　观测数据数量与质量

　　按照科学技术部生态网络中心森林站观测指标清单及数据观测指标体系，获取有质量保证的生态系统长期定位观测数据。包括行政类数据、实物类数据、常规数据及特色数据。常规数据包括大气要素（辐射、温度、降水、相对湿度等）、水分要素（生态系统的水环境物理要素和水环境化学要素等）、生物要素（生境、生物的微量元素、植物组成、生物量等）、土壤要素（物理要素、化学要素、有机质、氮、磷、钾等）。2013—2017 年平均每年获取各类数据 300 万条，累计超过 115 GB。指标完成率达到 92%，数据准确率达到 95%。按照生态系统观测研究网络数据管理制度要求，由网络与数据管理科专职人员整理、统计后，按时向国家生态系统观测研究网络综合中心汇交数据，并及时更新台站数据信息系统的数据库，最终汇交数据备份至大兴安岭生态站数据库管理系统实现数据预处理、备份录入、统计分析、存档和输出。汇交的数据产品可通过在线和离线的方式为单位和个人提供数据服务（图 1-2）。

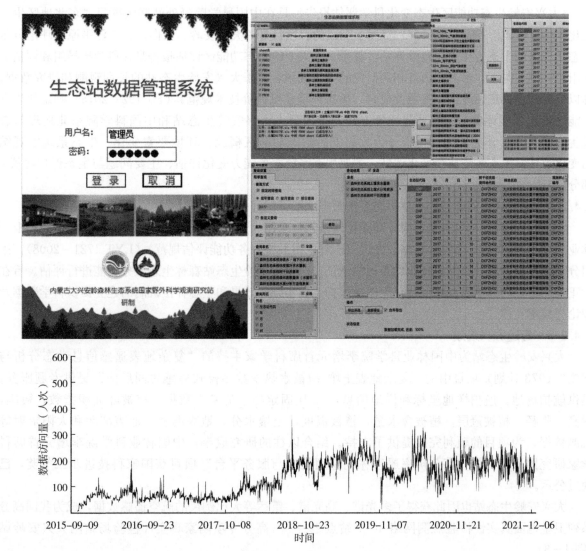

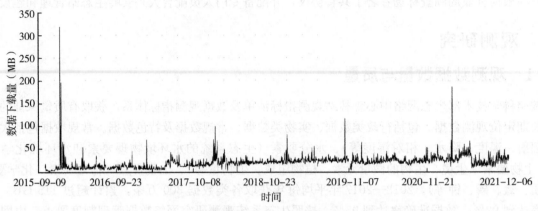

图1-2　生态站数据

1.4.2　观测数据应用成效

1.4.2.1　完成《大兴安岭生态功能区生态变化科学评估报告》

《大兴安岭生态功能区生态变化科学评估报告》是在中国科学院野外站联盟项目"东北地区生态变化评估"（KFJ－SW－YW026）资助下完成的。项目是对大兴安岭、长白山、三江平原和呼伦贝尔生态功能区的生态变化进行科学评估。其中，大兴安岭生态功能区评估报告是在科学指导组和评估工作组的共同参与下，参考国内外相关研究的最新成果，基于大兴安岭生态站的长期观测和研究数据，辅以长时间序列遥感数据，参照并修订《生态环境状况评价技术规范》（HJ 192—2015）确定的生态功能区生态功能评价指标体系与评价方法，由内蒙古大兴安岭生态站和中国科学院东北地理与农业生态研究所合作完成的。报告分为大兴安岭生态功能区概况、环境要素变化、生态系统宏观结构变化评估、生态系统质量变化评估、主要生态系统服务能力变化评估、主要问题与生态保护建议 6部分。

1.4.2.2　完成《根河林业局森林生态系统服务功能评估报告》

《根河林业局森林生态系统服务功能评估报告》采用大兴安岭生态站的长期定位观测数据和根河林业局 2012 年森林资源统计数据，按照《森林生态系统服务功能评估规范》（LYT 1721—2008），采用分布式评估方法，以根河林业局为评估单位，对大兴安岭生态站森林生态服务功能进行评估。旨在为正确评价根河林业局森林经营、天然林保护工程实施的效果和生态补偿机制的建立提供科学数据及理论与技术支撑。

1.4.2.3　专题服务成效

大兴安岭生态站为中国林业科学院李增元首席科学家主持的"复杂地表遥感信息动态分析与建模"（973 计划）项目中的"复杂地表土壤-植被水热参数多模式遥感协同反演"提供专题服务，提供航拍场地，航拍样地坐标和样地信息，25 块固定样地的基本数据，植被叶面积指数，冠幅，树高，胸径，植被冠层，植被含水量，植被温度，土壤水分，地表温度，地表冻融和太阳辐射等观测数据，为项目的顺利完成提供了支持。结合以往的研究成果，中国林业科学院李增元首席科学家研究团队申报的"高分辨率遥感林业应用技术与服务平台"项目获国家科技进步二等奖，已通过公示。

大兴安岭生态站也因此获得了多光谱、高光谱、雷达等大比例尺的航空遥感数据，成为我国高分系列卫星地面真实性检验观测网络 40 个站点之一——高分专项国家真实性检验场站网大兴安岭站（图1-3）。

图 1-3　高分专项国家真实性检验场站网大兴安岭站

1.4.3　科研任务承担情况

2013—2017 年，大兴安岭生态站团队在大兴安岭生态站主持开展的各类科研项目（课题）共 20 项，其中：国家自然科学基金 6 项，国家重点研发计划 3 项，其他 11 项，总合同经费 1 003 万元（表 1-2）。

表 1-2　主要科研项目情况

项目（课题）名称	编号	负责人	经费（万元）	项目类别	起始日期	结束日期
火烧及采伐迹地森林生态系统恢复和功能提升关键技术	2017YFC0504003	张秋良	264	科学技术部-国家重点研发计划（十三五）	2017-07-01	2020-12-31
大兴安岭次生林抚育更新技术研究与示范	2017YFC0504103-02	张秋良	70	科学技术部-国家重点研发计划（十三五）	2017-07-01	2020-12-31
大兴安岭火烧及采伐迹地幼苗更新和植被恢复影响机制及抚育技术	2017YFC0504003-02	铁牛	50	科学技术部-国家重点研发计划（十三五）	2017-07-01	2020-12-31
内蒙古大兴安岭过伐林可持续经营技术研究与示范	20112BAD22B0204	张秋良	110	科学技术部-国家科技支撑计划	2012-01-01	2016-12-31
森林碳汇计量与碳贸易研究——温带人工林增汇技术	201104006	高润宏	43	林业公益性行业专项	2011-01-01	2015-12-31
内蒙古大兴安岭天然林保护生态效益评价研究	201304308	张秋良	30	林业公益性行业专项	2013-01-01	2015-12-31
内蒙古大兴安岭森林生态服务功能定位观测研究	201204101-2	张秋良	34	林业公益性行业专项	2012-01-01	2016-12-31
大兴安岭高纬度林区土壤温室气体通量时空动态变化	31160117/C030801	马秀枝	50	国家自然科学基金	2012-01-01	2015-12-31

（续）

项目（课题）名称	编号	负责人	经费 （万元）	项目类别	起始日期	结束日期
林火干扰和木炭管理对高纬度寒温带林区兴安落叶松林土壤温室气体通量的影响	31260119	马秀枝	54	国家自然科学基金	2013 - 01 - 01	2016 - 12 - 31
东北岩高兰种群繁衍更新对寒温带高山贫瘠生境的响应机制	31660172	安慧君	39	国家自然科学基金	2017 - 01 - 01	2020 - 12 - 31
大兴安岭地区兴安落叶松林蒸散对冻土冻融的响应机制研究	31660213	臧传富	39	国家自然科学基金	2017 - 01 - 01	2020 - 12 - 31
寒温带兴安落叶松倒木形成及密度调控机理研究	31160106	岳永杰	48	国家自然科学基金	2012 - 01 - 01	2015 - 12 - 31
兴安落叶松复层异龄林形成机理及其经营活动响应研究	31360180	铁牛	50	国家自然科学基金	2014 - 01 - 01	2017 - 12 - 31
大兴安岭生态功能区生态变化科学评估	KFJ - SW - YW026 - 04	王冰	20	中国科学院野外联盟项目	2016 - 01 - 01	2018 - 12 - 31
全国多功能森林经营内蒙古根河样板基地模式研究与示范	1692017 - 8	铁牛	35	国家林业与草原局	2017 - 11 - 01	2019 - 12 - 31
大兴安岭落叶松林生态系统碳水通量观测研究	XDA05050601 - 01 - 27	王飞	10	中国科学院-院战略性先导科技专项	2011 - 01 - 01	2015 - 12 - 31
内蒙古森林生态系统服务功能监测与评估技术	NDPYTD2013 - 4	高润宏	30	内蒙古农业大学创新团队项目-大兴安岭森林生态系统创新团队	2014 - 01 - 01	2016 - 12 - 31
兴安落叶松天然林碳储量成熟研究	2017MS0305	萨如拉	7	内蒙古自然科学基金	2017 - 01 - 01	2019 - 12 - 31
兴安落叶松三种生长模型分析	2015BS0303	刘洋	5	内蒙古自然科学基金	2015 - 01 - 01	2017 - 12 - 31
大兴安岭兴安落叶松形态收获模拟	2014xyq - 6	刘洋	15	内蒙古农业大学创新人才项目	2014 - 01 - 01	2017 - 12 - 31

1.4.4 科研创新成果

1.4.4.1 著作和论文

2013—2017 年大兴安岭生态站参与出版专著《内蒙古大兴安岭森林生态系统研究》《兴安落叶松过伐林结构优化技术》《兴安落叶松天然林碳密度与碳平衡研究》《东北过伐林可持续经营技术》和《阿尔山观赏植物》《阴山中段生态公益林可持续经营关键技术研究》6 部，发表论文 110 篇，其中 SCI 论文 7 篇，CSCD 论文 86 篇（表 1-3、表 1-4）。

表 1-3 著作列表

专著名称	作者	出版社及出版年份
内蒙古大兴安岭森林生态系统研究	张秋良，王立明	中国林业出版社，2014
兴安落叶松过伐林结构优化技术	张秋良，玉宝，乌吉斯古楞，张秀丽	中国林业出版社，2015
兴安落叶松天然林碳密度与碳平衡研究	王飞，张秋良	中国林业出版社，2015

（续）

专著名称	作者	出版社及出版年份
阿尔山观赏植物	铁牛，高润红	中国林业出版社，2016
东北过伐林可持续经营技术	张会儒，张秋良，李凤日，赵秀海，等	中国林业出版社，2016
阴山中段生态公益林可持续经营关键技术研究	张秋良，李全基	中国林业出版社，2014

表 1-4　主要学术论文

第一作者及 通讯作者	论文名称	发表刊物	发表时间 （年、卷、期、页码）	收录情况
Tian Yuan, Zhang Qiuliang	Stem radius variation in response to hydro - Thermal factors in Larch	*Forests*	2018，9（10）：602	SCI
Zhang Xuanwen, Zhang Qiuliang	Species - specific tree growth and intrinsic water - use efficiency of Dahurian larch (*Larix gmelinii*) and Mongolian pine (*Pinus sylvestris* var. *mongolica*) growing in a boreal permafrost region of the Greater Hinggan Mountains, Northeastern China	*Agricultural and Forest Meteorology*	2018，248：145 - 155	SCI
Liu Xiaohong, Zhang Qiuliang	Warming and CO_2 enrichment modified the ecophysiological responses of Dahurian larch and Mongolia pine during the past century in the permafrost of Northeastern China	*Tree Physiology*	2019，39（1）：88 - 103	SCI
Zang Chuanfu, Zang Chuanfu	Spatial and temporal variability of blue/green water flows in typical meteorological years in an inland river Basin in China	*Journal of Water and Climate Change*	2017，8（1）：165 - 176	SCI
Liu Xiaohong, Zhang Qiuliang	Treering $\delta^{18}O$ reveals no long - term change of atmospheric water demand since 1800 in the Northern GreatHinggan Mountains, China	*Journal of Geophysical Research：Atmospheres*	2017，122（13）：6697 - 6712	SCI
Wang Bing, Wang Bing	Evaluating flood inundation impact on wetland vegetation FPAR of the Macquarie Marshes, Australia	*Environmental Earth Sciences*	2015，74（6）：4989 - 5000	SCI
Zang Chuanfu, Liu Junguo	Influence of human activities and climate variability on green and blue water provision in the Heihe River Basin, NW China	*Journal of Water and Climate Change*	2015，6（4）：800 - 815	SCI
韩胜利，张秋良	数值模拟温度变化对兴安落叶松径生长的影响	东北林业大学学报	2017，45（9）：5 - 12	CSCD
雷娜庆，铁牛	大兴安岭兴安落叶松天然林结构特征	东北林业大学学报	2017，45（3）：8 - 12	CSCD
雷娜庆，铁牛	兴安落叶松林径级分布格局及其关联性	东北林业大学学报	2017，45（2）：1 - 5	CSCD
雷娜庆，铁牛	兴安落叶松天然林林分直径分布和树高分布	东北林业大学学报	2017，45（1）：90 - 93	CSCD
格日乐高娃， 岳永杰	满归兴安落叶松群落生产力及物种多样性研究	内蒙古农业大学学报	2017，38（6）：31 - 37	CSCD
杨富荣，铁牛	兴安落叶松 3 种林型林分生长模型的研究	内蒙古农业大学学报（自然科学版）	2017，38（2）：37 - 42	CSCD
王冰，张秋良	近 45 年内蒙古大兴安岭林区不同等级降水变化特征	生态学杂志	2017，36（11）：3235 - 3242	CSCD

（续）

第一作者及 通讯作者	论文名称	发表刊物	发表时间 （年、卷、期、页码）	收录情况
魏杰，闫伟	内蒙古地区5种棉革菌外生菌根形态描述和分子鉴定	菌物学报	2017，36（7）： 870-878	CSCD
王飞，张秋良	大兴安岭不同龄组兴安落叶松林乔木层生物量分配	西北林学院学报	2017，32（5）：23-28	CSCD
巴特，张秋良	兴安落叶松生态系统近地表 CH_4 浓度及其影响因子	西北林学院学报	2017，32（2）： 57-60，66	CSCD
边玉明，张秋良	内蒙古大兴安岭林区年降水量变化特征及周期分析	水土保持研究	2017，24（3）：146-150	CSCD
张轩文，张秋良	大兴安岭北部多年冻土区落叶松和樟子松生长的气候响应差异研究	冰川冻土	2017，39（1）：165-174	CSCD
刘怀鹏，安慧君	最大似然识别绿化树种休斯现象规避	干旱区研究	2016，33（2）：449-454	CSCD
王飞，张秋良	兴安落叶松林不同生长阶段林下植被生物量分配	西北林学院学报	2016，31（6）：30-33	CSCD
王冰，安慧君	QuickBird影像城市阴影信息的提取与消除	地球信息科学学报	2016，18（2）：255-262	CSCD
穆喜云，张秋良	基于机载激光雷达的森林地上碳储量估测	东北林业大学学报	2016，44（11）：52-56	CSCD
玉宝，张秋良	中幼龄兴安落叶松过伐林垂直结构综合特征	林业科学	2015，51（1）：132-139	CSCD
穆喜云，张秋良	基于机载 LiDAR 数据的林分平均高及郁闭度反演	东北林业大学学报	2015，43（9）：84-89	CSCD
李小梅，张秋良	兴安落叶松林生长季碳通量特征及其影响因素	西北农林科技大学学报（自然科学版）	2015，43（6）：121-128	CSCD
刘怀鹏，安慧君	基于递归纹理特征消除的 WorldView-2 树种分类	北京林业大学学报	2015，37（8）：53-59	CSCD
李小梅，张秋良	环境因子对兴安落叶松林生态系统 CO_2 通量的影响	北京林业大学学报	2015，37（8）：31-39	CSCD
穆喜云，张秋良	基于机载激光雷达的寒温带典型森林高度制图研究	北京林业大学学报	2015，37（7）：58-67	CSCD
王飞，张秋良	兴安落叶松林生物量模型的构建	内蒙古农业大学学报	2015，36（4）：44-48	CSCD
玉宝，张秋良	兴安落叶松中幼龄过伐林林木空间格局对更新格局的影响	浙江农林大学学报	2015，32（3）：346-352	CSCD
郭玉东，张秋良	根河林业局森林生态服务功能价值评估	西北林学院学报	2015，30（5）：196-201	CSCD
穆喜云，张秋良	基于激光雷达的大兴安岭典型森林生物量制图技术研究	遥感技术与应用	2015，30（2）：220-225	CSCD
玉宝，张秋良	天然林多目标经营研究现状及趋势	西北林学院学报	2015，30（1）：189-195	CSCD
杨丽，张秋良	大兴安岭兴安落叶松林下植被多样性及土壤养分季节分布特征	水土保持学报	2015，29（6）：124-130	CSCD
韩胜利，张秋良	兴安落叶松天然林空间结构特征分析	干旱区资源与环境	2015，29（5）：87-92	CSCD
玉宝，张秋良	兴安落叶松过伐林枯立木分布格局特征分析	林业科学研究	2015，28（1）：81-87	CSCD
王美莲，张秋良	不同林龄兴安落叶松枯落物及土壤水文效应研究	生态环境学报	2015，24（6）：925-931	CSCD
魏江生，周梅	兴安落叶松林型对土壤氮素含量的影响	干旱区资源与环境	2014，28（7）： 127-132	CSCD

（续）

第一作者及通讯作者	论文名称	发表刊物	发表时间（年、卷、期、页码）	收录情况
吕亚亚，岳永杰	内蒙古大兴安岭典型混交林倒木空间点格局分析	西北农业学报	2014, 23 (11)：204-211	CSCD
马秀枝，马秀枝	生物质炭对土壤性质及温室气体排放的影响	生态学杂志	2014, 33 (5)：1 395-1 403	CSCD
任乐，马秀枝	林火干扰对土壤性质及温室气体通量的影响	生态学杂志	2014, 33 (2)：502-509	CSCD
岳永杰，岳永杰	金河林业局兴安落叶松群落结构及物种多样性研究	内蒙古农业大学学报	2014 (2)：43-47	CSCD
王飞，张秋良	不同发育阶段兴安落叶松林下植被多样性特征	沈阳农业大学学报	2013, 44 (6)：771-775	CSCD
王飞，张秋良	不同林龄草类-兴安落叶松林粗木质残体研究	东北林业大学学报	2013, 41 (5)：1-6	CSCD
玉宝，张秋良	不同起源兴安落叶松林结构特征的比较	东北林业大学学报	2013, 41 (2)：18-21	CSCD
马利强，张秋良	兴安落叶松天然林单木高生长模型	南京林业大学学报（自然科学版）	2013, 37 (2)：169-172	CSCD
王飞，张秋良	杜香-兴安落叶松渐伐中龄林粗木质残体特征研究	内蒙古农业大学学报	2013, 34 (5)：65-69	CSCD
岳永杰，韩军	内蒙古大兴安岭森林涵养水源和保育土壤功能评估	中南林业科技大学学报	2013, 33 (12)：91-95	CSCD
伏鸿峰，闫伟	内蒙古大兴安岭林区森林碳储量及其动态变化研究	干旱区资源与环境	2013, 27 (9)：166-170	CSCD
张秋良，张秋良	藓类-兴安落叶松林木质物残体贮量及组成	生态环境学报	2013, 22 (3)：437-442	CSCD
姜海燕，闫伟	大兴安岭兴安落叶松林土壤酶活性研究	内蒙古农业大学学报	2013, 34 (1)：48-51	CSCD
岳永杰，李钢铁	库都尔兴安落叶松种群格局及其物种多样性研究	内蒙古农业大学学报	2013, 34 (1)：42-47	CSCD
伏洪峰，闫伟	大兴安岭野生越橘菌根形态学研究	内蒙古农业大学学报	2013 (2)：165-169	CSCD

1.4.4.2 专利和标准

完成发明实用新型专利"一种电子天平组装式野外多用途增高和载物架"（ZL-2015-2-0950795.0）1项；完成发明专利"森林抚育间伐后林分的总生产量最大的间伐优化设计方法"（ZL-2016-1-0465204.1）1项；地方标准《天然白桦次生林改培技术规程》（DB15/T 1344—2018）1项。

1.4.4.3 评估报告

完成东北地区生态变化评估：《大兴安岭生态功能区生态变化科学评估报告》《根河林业局森林生态服务评估报告》。

1.5 人才队伍

大兴安岭生态站团队是内蒙古农业大学科技创新团队，大兴安岭生态站团队结构比较合理。团队成员17人中，职称结构：具有副高级以上职称人员10人，占58.8%；具有中级职称以下人员7人，占 41.2%。学历结构，具有博士学位 14 人，占 82.4%，硕士学位以下 3 人，占 17.6%。年龄结构，55 岁以上人员 4 人，占 23.5%，45～55 岁人员 6 人，占 35.3%，35～45 岁人员 6 人，占 35.3%，35 岁以下人员 1 人，占 5.9%（表 1-5）。团队年龄、学历、职称结构基本合理，学术思想活跃，能保证大兴安岭生态站的观测任务和科研工作的正常开展。

表 1-5　人员构成

序号	姓名	性别	出生年月	最高学位	职称
1	张秋良	男	1960-07	博士	正高级
2	高润宏	男	1968-09	博士	正高级
3	岳永杰	男	1976-06	博士	正高级
4	马秀枝	女	1974-06	博士	正高级
5	铁牛	男	1972-05	博士	正高级
6	安慧君	女	1962-07	博士	正高级
7	萨如拉	女	1976-12	博士	正高级
8	王飞	女	1980-10	博士	副高级
9	王冰	女	1981-02	博士	副高级
10	刘洋	男	1984-10	博士	中级
11	张恒	男	1983-02	博士	副高级
12	李建强	男	1975-02	硕士	中级
13	刘尧	男	1967-02	学士	中级
14	张永亮	男	1976-06	学士	中级
15	滑永春	男	1981-06	博士	中级
16	郝帅	男	1992-07	博士	中级
17	宝乐尔其木格	女	1984-07	博士	中级

1.6　开放共享

1.6.1　资源共享

1.6.1.1　平台开放

大兴安岭生态站是开放的研究平台，2013—2017 年，接待了美国地质调查局朱志良、Reston Virginig 教授团队，为澳大利亚格里菲斯大学、中国科学院遥感与数字地球研究所、中国科学院地理科学与资源研究所、中国科学院寒区旱区环境与工程研究所、中国科学院南京土壤研究所、中国科学院生态环境中心、中国林业科学院、华东师范大学生态与环境科学学院、北京大学、武汉大学、北京师范大学、深圳大学、北京林业大学、东北林业大学等的本领域研究人员 576 人次提供了场地、固定样地的数据、设备和工作条件等方面的服务。提供观测仪器/设备使用时间 6 862 h，分析仪器使用时间 1 683 h，5 098 个样品（土样、年轮、水样等）、25 块固定样地的基础数据。

1.6.1.2　数据信息系统共享平台（网站）

大兴安岭生态站基本建成内蒙古大兴安岭森林生态系统国家野外科学观测研究站（http://dxf.cern.ac.cn）数据信息系统平台，定期向国家科技基础条件平台门户（国家生态系统观测研究网络综合中心）汇交数据，实现了数据资源共享。与大兴安岭生态站数据信息系统网站具有资源共享协议的高等院校、科研院所可以通过网站资源服务栏中的数据资源服务请求相对应的数据资源服务，网站工作人员将对其提出的申请进行审批，并向其提供相应的数据服务。服务结束后，用户可通过系统对网站所提供数据及网站工作人员服务质量进行打分与评价，以达到服务与监督一体化。每年为中国科学院、中国林业科学院、北京林业大学等20多个单位和个人提供技术实物服务90余人次，提供在线数据服务15余人次（图1-4）。

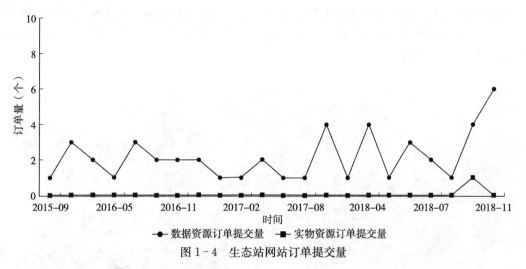

图1-4 生态站网站订单提交量

1.6.1.3 为地方和行业部门提供科技支撑

根据长期的观测和研究数据为根河市气象局、根河林业局、乌尔其汗林业局等的森林生态服务功能评估、天然林保护工程等林业重点、生态重点工程效益评估提供了数据和技术支撑。

1.6.1.4 本科教学实习

大兴安岭生态站是内蒙古农业大学林学院教学科研实训基地，2013—2017年，每年接纳近100名林学专业本科生进行综合实习，实习内容包括遥感、测树学、森林生态学、森林保护学、森林经理学、营林学等（图1-5）。同时，积极组织研究生、本科生依托台站仪器设备、数据信息参加"共享杯"大学生科技资源共享与服务创新实践竞赛和内蒙古自治区大学生"创新创业杯"竞赛，让更多的本科生、研究生了解大兴安岭科技资源共享平台，2013—2017年共提供各类参赛作品6项，魏玉龙获三等奖。

图1-5 本科生实习

1.6.2　科普服务

1.6.2.1　科学普及

2013—2017 年，大兴安岭生态站坚持开展生态文明宣传和科普服务。依托本站的设施资源接待内蒙古农业大学、呼伦贝尔大学、呼伦贝尔广播电视大学等的学生进行生态学和植物学认识等暑期实践活动，共计 210 人次。接待了中小学生和其他社会人士到原始林体验、参观和进行生态科学普及共计 900 余人次。每年春季与内蒙古农业大学林学院团委共同举办"防火宣传周"和"校园植物辨识"等宣教活动（图 1-6、图 1-7）。

图 1-6　大学生暑期社会实践及制作的标本

图1-7 中小学夏令营活动

大兴安岭生态站网站（http：//dxf.cern.ac.cn）目前开设科普专栏，分为科普知识和生态图片两大类别。科普知识主要介绍大兴安岭地区的乔木、灌木及草本的名称、外观、生长习性、主要特点；生态图片主要展示不同季节大兴安岭地区的优美景色。

利用大兴安岭生态站相关的动、植物标本可对来站人员进行科普宣传。此外，大兴安岭生态站团队成员依托生态站出版了介绍大兴安岭地区植物的相关书籍（图1-8）。

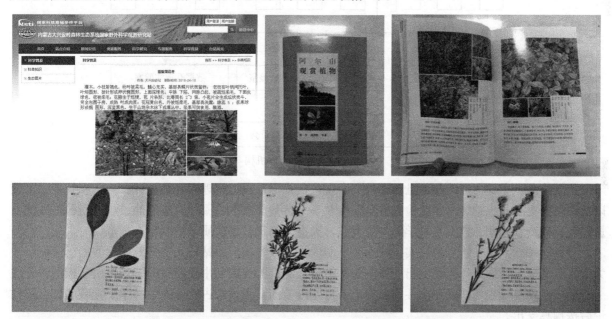

图1-8 大兴安岭生态站网站的科普专栏、大兴安岭生态站科普书籍及相关标本

1.6.2.2 社会服务

大兴安岭生态站开展了各类技术培训，包括仪器使用培训、生态文明建设教育、白桦次生林改培技术培训、森林可持续经营技术培训等。各类仪器培训使用50余人次，为内蒙古森工集团根河森林工业有限公司做关于生态文明建设教育60余人次，进行白桦次生林改培技术等森林可持续技术培训50余人次。

1.7 运行管理

1.7.1 运行管理制度建设

大兴安岭生态站由内蒙古农业大学林学院负责具体管理，配备了具有教授职称的人员担任专职站

长，实行学术委员会指导下的站长负责制，设办公室、科技计划科和网络与信息管理科三个科室
（图1-9）。为规范管理，大兴安岭生态站特制定了《内蒙古大兴安岭国家森林生态系统国家野外科
学观测研究站管理制度汇编》，包括生态站机构设置、人员组成和岗位职责、经费使用管理规范、数
据管理规范、仪器设备管理规范、科研合作协议、大兴安岭生态站来访人员接待登记制度等。

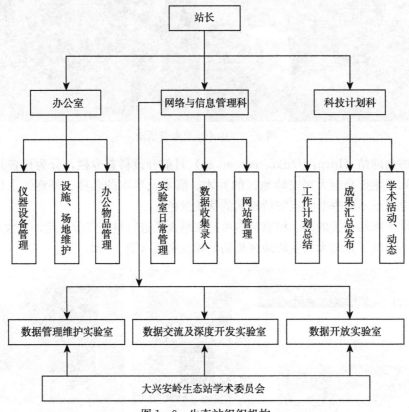

图1-9　生态站组织机构

　　数据管理：主要由网络与信息管理科负责，包括数据采集、整理、分析统计、入库和管理、汇交
以及网站的更新和维护。为快速检查科学数据共享平台共享数据、服务及建设的质量，使数据库的质
量控制、检查和管理工作实现科学性、规范性，提出并制定数据库质量控制检查规范。

　　经费管理：大兴安岭生态站实行独立核算制度、专款专用，由站长负责统筹管理使用。遵循量入
为出、开源节流的原则，经费支出严格按照网络中心的有关规定和中央财政有关规定由学校财务处统
一管理，按预算支出，涉及一次性单项支出一万元以上的，由内蒙古农业大学林学院党政联席会议讨
论后按预算支出。

　　项目管理：依托大兴安岭生态站开展的各类研究课题，科技科负责签订协议，按协议履行。

　　通过对以上管理内容的实施，使大兴安岭生态站的各项工作有序进行、工作落实到位。

1.7.2　部门和单位支撑作用

　　主管单位国家林业和草原局和依托建设单位内蒙古农业大学非常重视和支持大兴安岭生态站的建
设和发展。国家林业和草原局累计投资基本建设经费609万元，每年按计划投入运行费7万元，同
时，立项研究课题把大兴安岭生态站列入研究团队，如："十二五"林业公益性行业专项"大兴安岭
天然林保护工程效益评价"和"大兴安岭森林生态系统分布式定位观测研究"，"十二五"国家科技支
撑"内蒙古大兴安岭过伐林可持续经营技术研究与示范"和"大兴安岭次生林抚育更新技术研究与示
范"，"十三五"国家重点研发专项"火烧及采伐迹地森林生态系统恢复和功能提升关键技术"和"内

蒙古大兴安岭天然次生林抚育更新技术研究”等研究课题，投入研究经费 500 余万元。内蒙古农业大学在人员、资金匹配，实验和工作生活等方面都给予了大力支持和保障。近年来，新进固定管理人员 2 名（1 名博士、1 名硕士），2013—2015 年，每年投入运行费 15 万元。2016 年、2017 年，内蒙古农业大学将投入的运行费增加到每年 25 万元。在内蒙古自治区一流学科建设、创新团队建设等方面均给予项目、仪器设备支持，5 年对仪器设备累计投入近 500 万元。

第2章

□□□□□□□□□□□□□□□□□□□□

主要样地与场地

2.1 概述

大兴安岭生态站在内蒙古农业大学校区安排了 400 m² 的办公场所，建立了专门网站（http：//dxf. cern. ac. cn/）和专用服务电话（0471 - 4300731、0471 - 4307753、0471 - 4307862），在野外站区有 363 m² 的办公用房、实验用房和生活用房。2015 年在根河市新建 1 030 m² 的实验楼，2016 年装修投入使用。2017 年在根河市新建 1 030 m² 的综合实验楼并投入使用。

大兴安岭生态站设有兴安落叶松原始林、渐伐更新林、皆伐更新林及抚育间伐林 4 个试验区，分别设置能量及通量观测场、水分平衡场、径流场、植被场、人工自动气象场、冻土场、氮沉降及冰雪观测站。设有长期固定观测样地 6 块，公顷样地 1 块，各类科研固定样地 46 块，森林可持续经营示范区 1 处（试验示范样地 10 块）。有多通道便携土壤温室气体测定系统、光谱分析仪、温室气体监测仪、便携式叶绿素荧光成像仪、碳同位素监测系统和土壤水势监测仪等仪器设备 100 余套。运用仪器设备进行相关数据的测定。

大兴安岭生态站所有观测仪器设备运转正常。对 65 m 碳水通量观测塔、10 m 气象站、6 m 气象站、传感器及数据采集器进行了维护和更新。65 m 碳水通量观测塔建立于 2008 年，分 7 个梯度对空气温度、湿度、风速、风向、降水和辐射等常规气象因子以及碳通量进行监测，同时测定土壤热通量、土壤含水量和温湿度等。每年定期维护水量平衡场、植被场、观测设施；复查固定样地 17 块。实现监测数据远程自动传输和移动通信、无线信号覆盖。定时进行网站的更新和维护。基本保证了观测数据的连续性和准确性。

水量平衡是水文现象和水文过程分析研究的基础，也是水资源数量和质量计算及评价的依据。大兴安岭生态站已于 2017 年 6 月对水量平衡场进行了恢复，增添了部分设备。目前正在良好运行，对数据进行实时采集。

大兴安岭生态站观测仪器设备满足向国家林业和草原局、CNERN 提交数据的数据指标及数据精度要求。拥有通量涡度观测系统、甲烷分析仪、负氧离子测定仪、冠层分析仪、氮沉降观测仪、全自动化学分析仪等。在兴安落叶松原始林、渐伐更新林、皆伐更新林及抚育间伐林 4 个试验区分别设置能量及通量观测场、水分平衡场、径流场、植被场、人工自动气象场、冻土场、氮沉降及冰雪观测站（表 2 - 1）。

表 2 - 1 生态站联网长期观测样地与场地

类型	场地代码	场地名称	建立年份	场地面积（m²）	场地形状	可进行工作
联网长期观测样地	DXFSY01	大兴安岭生态站兴安落叶松原始林固定样地 1	1996	900	正方形	对乔木层进行每木检尺，测定胸径、树高、冠幅、枝下高等因子，分析群落结构、生物量等动态变化趋势；对灌木和草本层进行多度、盖度、生物量等的测定，分析林下植被层多样性、种间关系、生态位、生物量等

（续）

类型	场地代码	场地名称	建立年份	场地面积（m²）	场地形状	可进行工作
联网长期观测样地	DXFSY02	大兴安岭生态站兴安落叶松原始林固定样地2	1996	1 600	正方形	对乔木层进行每木检尺，测定胸径、树高、冠幅、枝下高等因子，分析群落结构、生物量等动态变化趋势；对灌木和草本层进行多度、盖度、生物量等的测定，分析林下植被层多样性、种间关系、生态位、生物量等
	DXFSY03	大兴安岭生态站皆伐更新林固定样地1	1996	600	长方形	对乔木层进行每木检尺，测定胸径、树高、冠幅、枝下高等因子，分析群落结构、生物量等动态变化趋势；对灌木和草本层进行多度、盖度、生物量等的测定，分析林下植被层多样性、种间关系、生态位、生物量等
	DXFSY04	大兴安岭生态站皆伐更新林固定样地2	1996	1 600	正方形	对乔木层进行每木检尺，测定胸径、树高、冠幅、枝下高等因子，分析群落结构、生物量等动态变化趋势；对灌木和草本层进行多度、盖度、生物量等的测定，分析林下植被层多样性、种间关系、生态位、生物量等
	DXFSY05	大兴安岭生态站渐伐更新林固定样地1	1996	1 600	长方形	对乔木层进行每木检尺，测定胸径、树高、冠幅、枝下高等因子，分析群落结构、生物量等动态变化趋势；对灌木和草本层进行多度、盖度、生物量等的测定，分析林下植被层多样性、种间关系、生态位、生物量等
	DXFSY06	大兴安岭生态站渐伐更新林固定样地2	1996	1 600	正方形	对乔木层进行每木检尺，测定胸径、树高、冠幅、枝下高等因子，分析群落结构、生物量等动态变化趋势；对灌木和草本层进行多度、盖度、生物量等的测定，分析林下植被层多样性、种间关系、生态位、生物量等
生态站观测场地	DXFZH01	大兴安岭生态站碳水通量观测场	2009	49	正方形	对碳通量、梯度风速、降水、温度、梯度土壤热通量进行观测
	DXFZH02	大兴安岭生态站水量平衡观测场	1992	900	正方形	对树冠截留、树干径流、树干液流、林内穿透雨等进行观测
	DXFZH03	大兴安岭生态站原始林凋落物测定场	1992	1 600	正方形	凋落物收集
	DXFZH04	大兴安岭生态站氮沉降观测场	2014	49	正方形	对湿沉降进行观测
	DXFZH05	大兴安岭生态站冰雪观测场	2012	42	长方形	监测固态、液态降水量
	DXFZH06	大兴安岭生态站养分场	1992	625	正方形	分析养分循环
	DXFZH07	大兴安岭生态站10 m自动气象观测站	2008	49	正方形	对气象常规要素进行观测
	DXFZH08	大兴安岭生态站6 m自动气象观测站	1992	49	正方形	对气象常规要素进行观测
	DXFZH09	大兴安岭生态站人工气象站	2009	49	正方形	对气象常规要素进行观测
	DXFZH10	大兴安岭生态站坡面径流场	1992	900	正方形	对坡面径流进行观测

2.2　主要样地介绍

2.2.1　大兴安岭生态站兴安落叶松原始林固定样地 1

　　大兴安岭生态站兴安落叶松原始林固定样地 1 的样地代码为 DXFSY01，样地类型为永久样地，样地建立时间为 1996 年，样地设计永久长期使用。样地面积为 900 m²，样地形状为正方形。在样地进行的主要科研工作：对乔木层进行每木检尺，测定胸径、树高、冠幅、枝下高等因子，分析群落结构、生物量等动态变化趋势；对灌木和草本层进行多度、盖度、生物量等的测定，分析林下植被层多样性、种间关系、生态位、生物量等。样地设置在杜香-兴安落叶松原始林区，地势平缓。所在地点为内蒙古根河市潮查林场（121°30′7.905″E，50°54′23.693″N），海拔为 810～1 160 m，土壤为棕色针叶林土，地形地貌为低山，主要植被为兴安落叶松。植物群落特征：乔木层（兴安落叶松）、灌木层（杜香、红瑞木、绣线菊、忍冬等）、草本层（红花鹿蹄草、薹草、小叶章等）（图 2-1）。样地建立后每 5 年调查一次。

图 2-1　大兴安岭生态站兴安落叶松原始林固定样地 1

2.2.2　大兴安岭生态站兴安落叶松原始林固定样地 2

　　大兴安岭生态站兴安落叶松原始林固定样地 2 的样地代码为 DXFSY02，样地类型为永久样地，样地建立时间为 1996 年，样地设计永久长期使用。样地面积为 1 600 m²，样地形状为正方形。在样地进行的主要科研工作：对乔木层进行每木检尺，测定胸径、树高、冠幅、枝下高等因子，分析群落结构、生物量等动态变化趋势；对灌木和草本层进行多度、盖度、生物量等的测定，分析林下植被层多样性、种间关系、生态位、生物量等。样地主要林型为草类-兴安落叶松，设置在原始林区，地势平缓。所在地点为内蒙古根河市潮查林场（121°30′7.905″E，50°54′23.693″N），海拔为 810～1 160 m，土壤为棕色针叶林土，地形地貌为低山，主要植被为兴安落叶松。植物群落特征：乔木层（兴安落叶松、白桦）、灌木层（杜香、红瑞木、绣线菊、忍冬等）、草本层（红花鹿蹄草、薹草、小叶章等）（图 2-2）。样地建立后每 5 年调查一次。

图 2-2　大兴安岭生态站兴安落叶松原始林固定样地 2

2.2.3　大兴安岭生态站皆伐更新林固定样地 1

　　大兴安岭生态站皆伐更新林固定样地 1 的样地代码为 DXFSY03，样地类型为永久样地，样地建立时间为 1996 年，样地设计永久长期使用。样地面积为 600 m²，样地形状为长方形。在样地进行的主要科研工作：对乔木层进行每木检尺，测定胸径、树高、冠幅、枝下高等因子，分析群落结构、生物量等动态变化趋势；对灌木和草本层进行多度、盖度、生物量等的测定，分析林下植被层多样性、种间关系、生态位、生物量等。样地地势平缓。所在地点为内蒙古根河市潮查林场（121°30′7.905″E，50°54′23.693″N），海拔为 810～1 160 m，土壤为棕色针叶林土，地形地貌为低山，主要植被为兴安落叶松。植物群落特征：乔木层（兴安落叶松、白桦、山杨）、灌木层（杜香、红瑞木、绣线菊、忍冬等）、草本层（红花鹿蹄草、薹草、小叶章等）（图 2-3）。样地建立后每 5 年调查一次。

图 2-3　大兴安岭生态站皆伐更新林固定样地 1

2.2.4　大兴安岭生态站皆伐更新林固定样地2

　　大兴安岭站皆伐更新林固定样地2的样地代码为DXFSY04，样地类型为永久样地，样地建立时间为1996年，样地设计永久长期使用。样地面积为1 600 m²，样地形状为正方形。在样地进行的主要科研工作：对乔木层进行每木检尺，测定胸径、树高、冠幅、枝下高等因子，分析群落结构、生物量等动态变化趋势；对灌木和草本层进行多度、盖度、生物量等的测定，分析林下植被层多样性、种间关系、生态位、生物量等。样地地势平缓。所在地点为内蒙古根河市潮查林场（121°30′7.905″E，50°54′23.693″N），海拔为810~1 160 m，土壤为棕色针叶林土，地形地貌为低山，主要植被为兴安落叶松。植物群落特征：乔木层（兴安落叶松、白桦、山杨）、灌木层（杜香、红瑞木、绣线菊、忍冬等）、草本层（红花鹿蹄草、薹草、小叶章等）（图2-4）。样地建立后每5年调查一次。

图2-4　大兴安岭生态站皆伐更新林固定样地2

2.2.5　大兴安岭生态站渐伐更新林固定样地1

　　大兴安岭生态站渐伐更新林固定样地1的样地代码为DXFSY05，样地类型为永久样地，样地建立时间为1996年，样地设计永久长期使用。样地面积为1 600 m²，样地形状为长方形。在样地进行的主要科研工作：对乔木层进行每木检尺，测定胸径、树高、冠幅、枝下高等因子，分析群落结构、生物量等动态变化趋势；对灌木和草本层进行多度、盖度、生物量等的测定，分析林下植被层多样性、种间关系、生态位、生物量等。样地地势平缓。所在地点为内蒙古根河市潮查林场（121°30′7.905″E，50°54′23.693″N），海拔为810~1 160 m，土壤为棕色针叶林土，地形地貌为低山，主要植被为兴安落叶松。植物群落特征：乔木层（兴安落叶松、白桦、山杨）、灌木层（杜香、红瑞木、绣线菊、忍冬等）、草本层（红花鹿蹄草、薹草、小叶章等）（图2-5）。样地建立后每5年调查一次。

图 2-5　大兴安岭生态站渐伐更新林固定样地 1

2.2.6　大兴安岭生态站渐伐更新林固定样地 2

　　大兴安岭生态站渐伐更新林固定样地 2 的样地代码为 DXFSY06，样地类型为永久样地，样地建立时间为 1996 年，样地设计永久长期使用。样地面积为 1 600 m²，样地形状为正方形。在样地进行的主要科研工作：对乔木层进行每木检尺，测定胸径、树高、冠幅、枝下高等因子，分析群落结构、生物量等动态变化趋势；对灌木和草本层进行多度、盖度、生物量等的测定，分析林下植被层多样性、种间关系、生态位、生物量等。样地地势平缓。所在地点为内蒙古根河市潮查林场（121°30′7.905″E，50°54′23.693″N），海拔为 810～1 160 m，土壤为棕色针叶林土，地形地貌为低山，主要植被为兴安落叶松。植物群落特征：乔木层（兴安落叶松、白桦、山杨）、灌木层（杜香、红瑞木、绣线菊、忍冬等）、草本层（红花鹿蹄草、薹草、小叶章等）（图 2-6）。样地建立后每 5 年调查一次。

图 2-6　大兴安岭生态站渐伐更新林固定样地 2

2.3　主要观测场地介绍

2.3.1　大兴安岭生态站碳水通量观测场

　　大兴安岭生态站碳水通量观测场代码为 DXFZH01，样地类型为永久样地，样地建立时间为 2009 年，样地设计永久长期使用。样地面积为 49 m²，样地形状为正方形。在样地进行的主要科研工作为对碳通量、梯度风速、降水、温度、梯度土壤热通量进行观测。样地设置在杜香-兴安落叶松原始林区，地势平缓。所在地点为内蒙古根河市潮查林场（121°30′7.905″E，50°54′23.693″N），海拔为 848 m，土壤为棕色针叶林土，地形地貌为低山，主要植被为兴安落叶松。植物群落特征：乔木层（兴安落叶松）、灌木层（杜香、红瑞木、绣线菊、忍冬等）、草本层（红花鹿蹄草、薹草、小叶章等）（图 2-7）。

图 2-7　大兴安岭生态站碳水通量观测场

2.3.2　大兴安岭生态站水量平衡观测场

　　大兴安岭生态站水量平衡观测场代码为 DXFZH02，样地类型为永久样地，样地建立时间为 1992 年，样地设计永久长期使用。样地面积为 900 m²，样地形状为正方形。在样地进行的主要科研工作为对树冠截留、树干径流、树干液流、林内穿透雨等进行观测。样地设置在杜香-兴安落叶松原始林区，地势平缓。所在地点为内蒙古根河市潮查林场（121°30′7.905″E，50°54′23.693″N），海拔为 853 m，土壤为棕色针叶林土，地形地貌为低山，主要植被为兴安落叶松。植物群落特征：乔木层（兴安落叶松）、灌木层（杜香、红瑞木、绣线菊、忍冬等）、草本层（红花鹿蹄草、薹草、小叶章等）（图 2-8）。

图 2-8 大兴安岭生态站水量平衡观测场

2.3.3 大兴安岭生态站原始林凋落物测定场

大兴安岭站原始林凋落物测定场代码为 DXFZH03，样地类型为永久样地，样地建立时间为 1992 年，样地设计永久长期使用。样地面积为 1 600 m²，样地形状为正方形。在样地进行的主要科研工作为凋落物收集。样地设置在杜香-兴安落叶松原始林区，地势平缓。所在地点为内蒙古根河市潮查林场（121°30′7.905″E，50°54′23.693″N），海拔为 845 m，土壤为棕色针叶林土，地形地貌为低山，主要植被为兴安落叶松。植物群落特征：乔木层（兴安落叶松）、灌木层（杜香、红瑞木、绣线菊、忍冬等）、草本层（红花鹿蹄草、薹草、小叶章等）（图 2-9）。

图 2-9 大兴安岭生态站原始林凋落物测定场

2.3.4 大兴安岭生态站氮沉降观测场

大兴安岭生态站氮沉降观测场代码为 DXFZH04，样地类型为永久样地，样地建立时间为 2014

年，样地设计永久长期使用。样地面积为 49 m²，样地形状为正方形。在样地进行的主要科研工作为对湿沉降进行观测。样地地势平缓。所在地点为内蒙古根河市潮查林场（121°30′7.905″E，50°54′23.693″N），海拔为 815 m，土壤为棕色针叶林土，地形地貌为低山，主要植被为兴安落叶松。植物群落特征：乔木层（兴安落叶松、白桦、山杨）、灌木层（杜香、红瑞木、绣线菊、忍冬等）、草本层（红花鹿蹄草、薹草、小叶章等）（图 2-10）。

图 2-10　大兴安岭生态站氮沉降观测场

2.3.5　大兴安岭生态站冰雪观测场

大兴安岭生态站冰雪观测场代码为 DXFZH05，样地类型为永久样地，样地建立时间为 2012 年，样地设计永久长期使用。样地面积为 42 m²，样地形状为长方形。在样地进行的主要科研工作为监测固态、液态降水量。样地地势平缓。所在地点为内蒙古根河市潮查林场（121°30′7.905″E，50°54′23.693″N），海拔为 815 m，土壤为棕色针叶林土，地形地貌为低山，主要植被为兴安落叶松。植物群落特征：乔木层（兴安落叶松、白桦、山杨）、灌木层（杜香、红瑞木、绣线菊、忍冬等）、草本层（红花鹿蹄草、薹草、小叶章等）（图 2-11）。

图 2-11　大兴安岭生态站冰雪观测场

2.3.6　大兴安岭生态站养分场

大兴安岭生态站养分场代码为 DXFZH06，样地类型为永久样地，样地建立时间为 1996 年，样地设计永久长期使用。样地面积为 625 m²，样地形状为正方形。在样地进行的主要科研工作为分析养分循环。样地地势平缓。所在地点为内蒙古根河市潮查林场（121°30′7.905″E，50°54′23.693″N），海拔为 815 m，土壤为棕色针叶林土，地形地貌为低山，主要植被为兴安落叶松。植物群落特征：乔木层（兴安落叶松、白桦、山杨）、灌木层（杜香、红瑞木、绣线菊、忍冬等）、草本层（红花鹿蹄草、薹草、小叶章等）（图 2 - 12）。

图 2 - 12　大兴安岭生态站养分场

2.3.7　大兴安岭生态站 10 m 自动气象观测站

大兴安岭生态站 10 m 自动气象观测站代码为 DXFZH07，样地类型为永久样地，样地建立时间为 2008 年，样地设计永久长期使用。样地面积为 49 m²，样地形状为正方形。在样地进行的主要科研工作为对气象常规要素进行观测。样地地势平缓。所在地点为内蒙古根河市潮查林场（121°30′7.905″E，50°54′23.693″N），海拔为 815 m，土壤为棕色针叶林土，地形地貌为低山，主要植被为兴安落叶松。植物群落特征：乔木层（兴安落叶松、白桦、山杨）、灌木层（杜香、红瑞木、绣线菊、忍冬等）、草本层（红花鹿蹄草、薹草、小叶章等）（图 2 - 13）。

图 2 - 13　大兴安岭生态站 10 m 自动气象观测站

2.3.8　大兴安岭生态站6 m自动气象观测站

大兴安岭生态站6 m自动气象观测站代码为DXFZH08，样地类型为永久样地，样地建立时间为1992年，样地设计永久长期使用。样地面积为49 m²，样地形状为正方形。在样地进行的主要科研工作为对气象常规要素进行观测。样地地势平缓。所在地点为内蒙古根河市潮查林场（121°30′7.905″E，50°54′23.693″N），海拔为830 m，土壤为棕色针叶林土，地形地貌为低山，主要植被为兴安落叶松。植物群落特征：乔木层（兴安落叶松、白桦、山杨）、灌木层（杜香、红瑞木、绣线菊、忍冬等）、草本层（红花鹿蹄草、薹草、小叶章等）（图2-14）。

图2-14　大兴安岭生态站6 m自动气象观测站

2.3.9　大兴安岭生态站人工气象站

大兴安岭生态站人工气象站代码为DXFZH09，样地类型为永久样地，样地建立时间为2009年，样地设计永久长期使用。样地面积为49 m²，样地形状为正方形。在样地进行的主要科研工作为对气象常规要素进行观测。样地地势平缓。所在地点为内蒙古根河市潮查林场（121°30′7.905″E，50°54′23.693″N），海拔为830 m，土壤为棕色针叶林土，地形地貌为低山，主要植被为兴安落叶松。植物群落特征：乔木层（兴安落叶松、白桦、山杨）、灌木层（杜香、红瑞木、绣线菊、忍冬等）、草本层（红花鹿蹄草、薹草、小叶章等）（图2-15）。

图2-15　大兴安岭生态站人工气象站

2.3.10　大兴安岭生态站坡面径流场

大兴安岭生态站坡面径流场代码为 DXFZH10，样地类型为永久样地，样地建立时间为 1992 年，样地设计永久长期使用。样地面积为 900 m²，样地形状为正方形。在样地进行的主要科研工作为对坡面径流进行观测。样地地势平缓。所在地点为内蒙古根河市潮查林场（121°30′7.905″E，50°54′23.693″N），海拔为 840 m，土壤为棕色针叶林土，地形地貌为低山，主要植被为兴安落叶松。植物群落特征：乔木层（兴安落叶松、白桦、山杨）、灌木层（杜香、红瑞木、绣线菊、忍冬等）、草本层（红花鹿蹄草、薹草、小叶章等）（图 2 - 16）。

图 2 - 16　大兴安岭生态站坡面径流场

第3章

联网长期观测数据

3.1 生物联网长期观测数据

3.1.1 动植物名录

3.1.1.1 动物名录

（1）概述

本数据集包括了 2009—2015 年在大兴安岭森林生态系统国家野外科学观测研究站通过多种方法（样方法、样线法、样点法、红外相机法、陷阱法等）记录到的所有野生动物名录。

（2）数据采集及处理方法

鸟类名录主要使用了样线法和样点法调查，由所有在大兴安岭生态站调查得到的名合并、统计得出；大型动物类名录主要通过红外相机法和陷阱捕捉法获得；昆虫类名录主要通过样方法获得。本部分仅提供了物种种类是否存在的数据，通过综合各类调查的数据整合，旨在最大限度地介绍大兴安岭森林生态站的鸟类、大型动物类及昆虫类的组成。

（3）数据质量控制和评估

将得到的物种数据跟历史的资料进行比对，除非有着实证据才将存疑种或新记录种纳入名录（通过红外相机拍摄到照片或者拍摄到典型的鸣叫等）。

（4）数据价值/数据使用方法和建议

动物是森林生态系统结构优劣和功能高低的最直接表现，对森林生态系统的物质能量循环有重要的作用。本部分数据集较为全面系统地列出了大兴安岭生态站的物种组成和多样性情况，可以为区域尺度的物种组成变化等研究提供参考，同时也可以为对大兴安岭鸟类、哺乳类及昆虫类感兴趣的科研人员、观鸟爱好者等相关人士提供基础数据参考。

3.1.1.2 植物名录

（1）概述

本数据集包含大兴安岭生态站 2009—2015 年（5 年 1 次）6 块固定观测样地生长季（7—8 月）观测的植物名录数据，是通过样方法每木调查法、标本采集、望远镜观察、实地测量等多种方法获取的所有乔木、灌木、草本等植物名录。

（2）数据采集及处理方法

乔木层、灌木层、草本层采用样方法进行每木调查，并分种记录种名（中文名和拉丁名）、株数、平均基径、平均高度、生活型等数据；幼苗调查和草本层调查同步进行。将所有调查的物种名录统计整合形成植物名录数据集，最大限度地介绍大兴安岭生态站的植物名录及其组成情况。

（3）数据质量控制和评估

将得到的物种数据与历史资料进行比对，为了保证数据的一致性、完整性、可比性和连续性，当前后物种名字不一致，或者错误和出现新记录种（新分布）时，一定要在采样后查询《中国植物志》

等工具书，核实确认后，才可以更换和新增进名录中。

（4）数据价值/数据使用方法和建议

物种名录是调查与研究一个森林生态系统的基础，本数据集包含了大兴安岭生态站试验区内 6 块样地中乔木、灌木、草本等植物名录，较为全面系统地列出了大兴安岭生态站的物种组成和多样性情况，可以为区域尺度的物种组成的变化等相关科学研究提供基础数据，同时也可以为生物多样性保护和自然保护区的管理等提供参考。

3.1.1.3　数据

大兴安岭鸟类、大型动物类、昆虫类名录见表 3-1。

表 3-1　动物名录

动物类别	动物名称	拉丁名
鸟类	黑嘴松鸡	*Tetrao urogalloides*
鸟类	花尾榛鸡	*Bonasa bonasia*
鸟类	灰林鸮	*Strix aluco*
鸟类	灰腹灰雀	*Pyrrhula griseiventris*
鸟类	红胁蓝尾鸲	*Tarsiger cyanurus*
大型动物	驯鹿	*Rangifer tarandus*
大型动物	棕熊	*Ursus arctos*
大型动物	麋鹿	*Elaphurus davidianus*
大型动物	驼鹿	*Alces alces*
大型动物	雪兔	*Lepus timidus*
大型动物	欧亚野猪	*Sus scrofa*
大型动物	狍	*Capreolus pygargus*
昆虫	污刺胸猎蝽	*Pygolampis foeda*
昆虫	无脊大腿小蜂	*Brachymeria excarinata*
昆虫	细虎甲	*Cicindela gracilis*
昆虫	镶黄蜾蠃	*Eumenes (Oreumenes) decoratus*
昆虫	小黄赤蜻	*Sympetrum kunckeli*
昆虫	小赭弄蝶	*Ochlodes venata*
昆虫	关熊蜂	*Bombus consobrinus*
昆虫	亚姬缘蝽	*Corizus albomarginatus*
昆虫	叶蝉	*Cicadellidae*
昆虫	夜蛾	*Noctuidae*
昆虫	异色瓢虫	*Harmonia axyridis*
昆虫	约马蜂	*Polistes jokahamae*
昆虫	月斑虎甲	*Cicindela lunulata*
昆虫	窄旗刀腹茧蜂	*Xiphozele compressiventris*
昆虫	窄头叶蝉	*Batracomorphus Lewis*
昆虫	长尾管食蚜蝇	*Eristalis tenax*
昆虫	灰带管蚜蝇	*Eristalis cerealis*
昆虫	中稻缘蝽	*Leptocorisa chinensis*

（续）

动物类别	动物名称	拉丁名
昆虫	中国豆芫菁	*Epicauta chinensis*
昆虫	显斑原划蝽	*Cymatia apparens*
昆虫	中华广肩步行虫	*Calosoma maderae chinense*
昆虫	中华金星步甲	*Calosoma chinense*
昆虫	中华萝藦肖叶甲	*Chrysochus chinensis*
昆虫	竹素毒蛾	*Laelia pantana*
昆虫	蠋蝽	*Arma chinensis*
昆虫	波琉璃纹花蜂	*Thyreus decorus*
昆虫	紫翅果蝽	*Carpocoris purpureipennis*

表 3-2 中为植物名录。

表 3-2 植物名录

群落层次	植物名称	拉丁名
乔木层	兴安落叶松	*Larix gmelinii*
乔木层	白桦	*Betula platyphylla*
乔木层	山杨	*Populus davidiana*
乔木层	钻天柳	*Chosenia arbutifolia*
灌木层	兴安杜鹃	*Rhododendron dauricum*
灌木层	笃斯越橘	*Vaccinium uliginosum*
灌木层	珍珠梅	*Sorbaria sorbifolia*
灌木层	宽叶杜香	*Ledum palustre* L. var. *dilatatum* Wahlanberg
灌木层	红瑞木	*Cornus alba*
灌木层	绣线菊	*Spiraea salicifolia*
灌木层	忍冬	*Lonicera japonica*
灌木层	越橘	*Vaccinium vitis-idaea*
草本层	薹草	*Carex*
草本层	小叶章	*Deyeuxia angustifolia*
草本层	地榆	*Sanguisorba officinalis*
草本层	鸢尾	*Iris tectorum*
草本层	花锚	*Haleniacorniculata*
草本层	大叶章	*Deyeuxia purpurea*
草本层	沙参	*Adenophora stricta*
草本层	多茎野豌豆	*Vicia multicaulis*
草本层	老鹳草	*Geranium wilfordii*
草本层	裂叶蒿	*Artemisia tanacetifolia*
草本层	红花鹿蹄草	*Pyrola incarnata* Fisch
草本层	风铃草	*Campanula medium*
草本层	东方草莓	*Fragaria orientalis*

（续）

群落层次	植物名称	拉丁名
草本层	风毛菊	*Saussurea japonica*
草本层	北重楼	*Paris verticllata*
草本层	北极花	*Linnaea borealis*
草本层	舞鹤草	*Maianthemum bifolium*
草本层	唐松草	*Thalictrum aquilegiifolium* var. *sibiricum*
草本层	铃兰	*Convallaria keiskei*
草本层	蚊子草	*Filipendula palmata*
草本层	野青茅	*Deyeuxia pyramidalis*

3.1.2　物种组成及生物量

3.1.2.1　概述

本数据集记录 2009—2015 年 6 块观测固定样地生长季（7—8 月）观测数据，乔木层观测内容包括植物种类、株数（株）、地上总干重（kg）、地下总干重（kg）、胸径（cm）、平均高度（m）；灌木层观察内容包括植物种类、株数（株）、基径（cm）、平均高度（m）；草本层观察内容包括植物种类、株（丛）数（株）、平均高度（m）。

数据采集地点：观测固定样地设在大兴安岭森林生态系统国家野外科学观测研究站试验区内，位于根河林业局潮查林场内。共 6 块固定观测样地，均为兴安落叶松-白桦混交林，分别为大兴安岭生态站兴安落叶松原始林固定样地 1（DXFSY01）900 m²、大兴安岭站兴安落叶松原始林固定样地 2（DXFSY02）1 600 m²、大兴安岭生态站皆伐更新林固定样地 1（DXFSY03）600 m²、大兴安岭生态站皆伐更新林固定样地 2（DXFSY04）1 600 m²、大兴安岭生态站渐伐更新林固定样地 1（DXFSY05）1 600 m²、大兴安岭生态站渐伐更新林固定样地 2（DXFSY06）1 600 m²，共计 7 900 m²。

3.1.2.2　数据采集和处理方法

乔木层每木调查在原始林中 5 m×5 m 的样方内进行，在次生林中依照原始林同样设置。在调查时，在样地内乔木的 1.3 m 胸径处用油漆进行标注，并采用同一型号胸径尺测量胸径并记录，之后利用测距测高仪（TRUPLSE360）对树高进行测定并记录。

灌木层调查在 3 个每块 2 m×2 m 的小样方内进行，采用同一型号胸径尺测量胸径并记录，之后利用同一型号的卷尺进行高度测量并记录。

草本层调查在设置好的 3 个 1 m×1 m 的小样方内进行，分种调查，记录种名（中文名和拉丁名）、株树数（株）、平均高度（m）。

野外数据的整理主要包括原始记录信息的检查和完善、数据录入、文献数据的补充等。

原始记录信息的检查和完善分调查中完善和调查后完善两个阶段。在野外调查过程中，每调查完一组数据时，调查人和记录人共同复核数据，发现问题及时纠正；完成数据调查后，调查人和记录人及时对原始记录表进行信息补充和完善，主要内容包括调查人和记录人信息的填写、指代信息的明确、数据记录完善、相关情况说明的填写等。

数据录入是将野外原始纸质记录数据录入计算机，形成电子版原始记录的过程。数据录入由调查人和记录人负责，以保证在观测真实数据和记录数据之间出现差异时核实以再现。数据录入完成后，调查人和记录人对数据进行自查，检查原始记录表和电子版数据表的一致性。

在质控数据的基础上根据实测树高、胸径，利用兴安落叶松和白桦生物量模型（王飞等，2015）

进行计算：

(1) 兴安落叶松树干生物量方程：$W=0.062\,3\,D^{2.558\,1}$，$R^2=0.986$。

(2) 兴安落叶松树枝生物量方程：$W=0.024\,7\,D^{2.274\,2}$，$R^2=0.943$。

(3) 兴安落叶松树叶生物量方程：$W=0.024\,1\,D^{1.91}$，$R^2=0.949$。

(4) 兴安落叶松树皮生物量方程：$W=0.053\,8\,D^{1.972\,9}$，$R^2=0.976$。

(5) 兴安落叶松地下生物量方程：$W=0.063\,8\,D^{2.015\,2}$，$R^2=0.964$。

(6) 兴安落叶松地上生物量方程：$W=0.135\,9\,D^{2.407\,7}$，$R^2=0.983$。

(7) 白桦树干生物量方程：$W=0.028\,53\,(D^2H)\,0.892\,7$。

(8) 白桦树枝生物量方程：$W=0.002\,78\,(D^2H)\,1.025\,68$。

(9) 白桦树叶生物量方程：$W=0.015\,45\,(D^2H)\,0.612\,65$。

(10) 白桦树皮生物量方程：$W=0.023\,923\,(D^2H)\,0.711\,31$。

(11) 白桦地下生物量方程：$W=0.045\,77\,(D^2H)\,0.696\,12$。

式中：D 为胸径（diameter at height，cm），胸径范围为 4～27 cm，H 为树高（m）。

计算二级样方各器官生物量，将每个样地二级样方内的生物量累加求和，再计算单位面积的生物量，最终求得样地尺度的数据。

3.1.2.3　数据质量控制和评估

本数据集来源于野外样地的实测调查。从调查前期准备、调查过程中到调查完成后，整个过程对数据质量进行控制。同时，采用专家审核验证的方法，以确保数据相对准确可靠。

（1）调查前的数据质量控制

根据统一的调查规范方案，对所有参与调查的人员集中进行技术培训，尽可能地减少人为误差。

（2）调查过程中的数据质量控制

调查开始时，树种名参照《中国植物志》（中英文版）（中国科学院中国植物志编辑委员会，2004），不能当场确定的植物物种名称参照《中国大兴安岭植物志》（柏松林等，1994）进行确定，采集相关凭证标本并在室内进行鉴定；调查人和记录人完成小样方调查时，立即对原始记录表进行核查，发现有错误的数据及时纠正。

（3）调查完成后的数据质量控制

调查完成后，调查人和记录人完成对样方数据的进一步核查，并补充相关信息；将纸质版数据录入电脑，采用 2 人同时输入数据的方式，自查并相互检查，以确保数据输入的准确性；树种的补充信息、种名及其特性等参考了《中国植物志》（中国科学院中国植物志编辑委员会，2004），并咨询了当地的植物分类专家，树种名称和特性的鉴定可靠；最后形成的物种组成数据集由专家进行最终审核和修订，确保数据集的真实、可靠；野外纸质原始数据集妥善保存并备份，放置于不同地方，以备将来核查。

3.1.2.4　数据价值/数据使用方法和建议

本数据集可通过大兴安岭森林生态系统国家野外科学观测研究站网络（http：//dxf. cern. ac. cn）获取，登录首页后点"资源服务"下的数据服务，进入相应页面下载数据。下载的数据可以通过物种名、生物量等字段进行查询。

3.1.2.5　观测数据

表 3-3 中为 2009 年和 2015 年群落生物量观测数据。

表 3-3　2019 年和 2015 年群落生物量

年份	样地代码	样地面积（hm²）	群落层次	生物量（kg/m²）
2009	DXFSY01	0.16	乔木层	7.04

（续）

年份	样地代码	样地面积（hm²）	群落层次	生物量（kg/m²）
2009	DXFSY01	0.16	灌木层	3.10
2009	DXFSY01	0.16	草本层	0.54
2009	DXFSY02	0.16	乔木层	10.77
2009	DXFSY02	0.16	灌木层	0.58
2009	DXFSY02	0.16	草本层	0.60
2009	DXFSY03	0.06	乔木层	0.25
2009	DXFSY03	0.06	灌木层	1.83
2009	DXFSY03	0.06	草本层	0.60
2009	DXFSY04	0.16	乔木层	12.79
2009	DXFSY04	0.16	灌木层	2.23
2009	DXFSY04	0.16	草本层	0.60
2009	DXFSY05	0.16	乔木层	5.12
2009	DXFSY05	0.16	灌木层	0.45
2009	DXFSY05	0.16	草本层	1.97
2009	DXFSY06	0.16	乔木层	7.43
2009	DXFSY06	0.16	灌木层	0.65
2009	DXFSY06	0.16	草本层	0.83
2015	DXFSY01	0.16	乔木层	42.12
2015	DXFSY01	0.16	灌木层	4.40
2015	DXFSY01	0.16	草本层	0.64
2015	DXFSY02	0.16	乔木层	11.35
2015	DXFSY02	0.16	灌木层	1.03
2015	DXFSY02	0.16	草本层	1.20
2015	DXFSY03	0.06	乔木层	14.02
2015	DXFSY03	0.06	灌木层	2.79
2015	DXFSY03	0.06	草本层	0.47
2015	DXFSY04	0.16	乔木层	9.16
2015	DXFSY04	0.16	灌木层	2.07
2015	DXFSY04	0.16	草本层	0.50
2015	DXFSY05	0.16	乔木层	3.90
2015	DXFSY05	0.16	灌木层	0.77
2015	DXFSY05	0.16	草本层	2.15
2015	DXFSY06	0.16	乔木层	5.21
2015	DXFSY06	0.16	灌木层	0.68
2015	DXFSY06	0.16	草本层	0.95

表 3-4 中为 2009 年和 2015 年分种生物量观测数据。

表 3-4 2009 年和 2015 年分种生物量

年份	样地代码	样地面积（hm²）	植物名称	株数（株）	地上总干重（kg）	地下总干重（kg）
2009	DXFSY01	0.16	兴安落叶松	234	9 695.07	1 325.27
2009	DXFSY01	0.16	白桦	15	445.94	120.72
2009	DXFSY02	0.16	兴安落叶松	144	14 449.08	1 969.70
2009	DXFSY02	0.16	白桦	8	596.61	108.72
2009	DXFSY03	0.06	兴安落叶松	226	60.31	11.27
2009	DXFSY03	0.06	白桦	85	60.83	18.61
2009	DXFSY04	0.16	兴安落叶松	983	11 406.02	2 264.85
2009	DXFSY04	0.16	白桦	156	5 362.20	1 444.33
2009	DXFSY05	0.16	兴安落叶松	571	6 255.59	1 373.13
2009	DXFSY05	0.16	白桦	30	445.94	120.72
2009	DXFSY06	0.16	兴安落叶松	594	9 828.79	2 064.73
2009	DXFSY06	0.16	白桦	46	604.83	170.39
2015	DXFSY01	0.16	兴安落叶松	349	63 193.58	4 164.13
2015	DXFSY01	0.16	白桦	2	14.75	4.19
2015	DXFSY02	0.16	兴安落叶松	130	15 187.79	2 036.26
2015	DXFSY02	0.16	白桦	8	796.73	138.24
2015	DXFSY03	0.06	兴安落叶松	71	4 507.76	773.02
2015	DXFSY03	0.06	白桦	95	2 514.09	616.66
2015	DXFSY04	0.16	兴安落叶松	600	10 164.24	2 007.12
2015	DXFSY04	0.16	白桦	86	1 991.43	481.85
2015	DXFSY06	0.16	兴安落叶松	625	6 096.75	1 426.06
2015	DXFSY06	0.16	白桦	58	632.32	190.47
2015	DXFSY05	0.16	兴安落叶松	799	8 469.40	1 917.60
2015	DXFSY05	0.16	白桦	191	649.40	897.70

表 3-5 中为 2009 年和 2015 年乔木植物数量观测数据。

表 3-5 2009 年和 2015 年乔木植物数量

年份	样地代码	样地面积（hm²）	植物名称	株数（株）
2009	DXFSY01	0.16	兴安落叶松	234
2009	DXFSY01	0.16	白桦	15
2009	DXFSY02	0.16	兴安落叶松	144
2009	DXFSY02	0.16	白桦	8
2009	DXFSY03	0.06	兴安落叶松	226
2009	DXFSY03	0.06	白桦	85
2009	DXFSY04	0.16	兴安落叶松	983
2009	DXFSY04	0.16	白桦	156
2009	DXFSY04	0.16	山杨	6
2009	DXFSY04	0.16	大黄柳	1

（续）

年份	样地代码	样地面积（hm²）	植物名称	株数（株）
2009	DXFSY05	0.16	兴安落叶松	571
2009	DXFSY05	0.16	白桦	30
2009	DXFSY06	0.16	兴安落叶松	594
2009	DXFSY06	0.16	白桦	46
2015	DXFSY01	0.16	兴安落叶松	349
2015	DXFSY01	0.16	白桦	2
2015	DXFSY02	0.16	兴安落叶松	130
2015	DXFSY02	0.16	白桦	8
2015	DXFSY03	0.06	兴安落叶松	71
2015	DXFSY03	0.06	白桦	95
2015	DXFSY04	0.16	兴安落叶松	600
2015	DXFSY04	0.16	白桦	86
2015	DXFSY05	0.16	兴安落叶松	799
2015	DXFSY05	0.16	白桦	191
2015	DXFSY06	0.16	白桦	58
2015	DXFSY06	0.16	兴安落叶松	625

表 3-6 中为 2009 年和 2015 年乔木胸径观测数据。

表 3-6　2009 年和 2015 年乔木胸径

年份	样地代码	样地面积（hm²）	植物名称	株数（株）	胸径（cm）
2009	DXFSY01	0.16	兴安落叶松	234	6.3±5.2
2009	DXFSY01	0.16	白桦	15	6.0±4.2
2009	DXFSY02	0.16	兴安落叶松	144	12.0±8.5
2009	DXFSY02	0.16	白桦	8	14.0±8.9
2009	DXFSY03	0.06	兴安落叶松	226	5.8±5.7
2009	DXFSY03	0.06	白桦	85	4.8±2.6
2009	DXFSY03	0.06	山杨	7	5.2±3.9
2009	DXFSY04	0.16	兴安落叶松	983	5.1±3.8
2009	DXFSY04	0.16	白桦	156	5.1±3.8
2009	DXFSY04	0.16	山杨	6	5.1±3.8
2009	DXFSY04	0.16	大黄柳	1	5.1±3.8
2009	DXFSY05	0.16	兴安落叶松	571	5.7±2.1
2009	DXFSY05	0.16	白桦	30	7.7±2.9
2009	DXFSY06	0.16	兴安落叶松	594	5.3±1.9
2009	DXFSY06	0.16	白桦	46	7.4±1.9
2015	DXFSY01	0.16	兴安落叶松	349	10.8±6.3
2015	DXFSY01	0.16	白桦	2	6.0±3.9
2015	DXFSY02	0.16	兴安落叶松	130	12.0±9.0

（续）

年份	样地代码	样地面积（hm²）	植物名称	株数（株）	胸径（cm）
2015	DXFSY02	0.16	白桦	8	15.0±9.5
2015	DXFSY03	0.06	兴安落叶松	71	7.5±4.8
2015	DXFSY03	0.06	白桦	95	7.3±4.7
2015	DXFSY04	0.16	兴安落叶松	600	6.8±3.6
2015	DXFSY04	0.16	白桦	86	6.8±3.6
2015	DXFSY05	0.16	兴安落叶松	799	9.4±2.4
2015	DXFSY05	0.16	白桦	191	5.9±4.2
2015	DXFSY06	0.16	兴安落叶松	625	5.8±2.5
2015	DXFSY06	0.16	白桦	58	6.2±3.0

表 3-7 中为 2009 年乔木平均树高观测数据。

表 3-7   2009 年和 2015 年乔木平均树高

年份	样地代码	样地面积（hm²）	植物种名	株数（株）	平均高度（m）
2009	DXFSY01	0.16	兴安落叶松	234	6.00±4.80
2009	DXFSY01	0.16	白桦	15	8.30±8.00
2009	DXFSY02	0.16	兴安落叶松	144	12.12±6.40
2009	DXFSY02	0.16	白桦	8	12.00±5.60
2009	DXFSY03	0.06	兴安落叶松	226	6.38±3.76
2009	DXFSY03	0.06	白桦	85	7.15±3.00
2009	DXFSY03	0.06	山杨	7	8.87±3.03
2009	DXFSY04	0.16	兴安落叶松	983	5.95±3.36
2009	DXFSY04	0.16	白桦	156	6.39±3.73
2009	DXFSY04	0.16	山杨	6	10.22±3.57
2009	DXFSY04	0.16	大黄柳	1	2.00±0.00
2009	DXFSY05	0.16	兴安落叶松	571	5.70±2.50
2009	DXFSY05	0.16	白桦	30	5.80±3.00
2009	DXFSY06	0.16	兴安落叶松	625	7.40±2.70
2009	DXFSY06	0.16	白桦	58	7.90±4.00
2015	DXFSY01	0.16	兴安落叶松	349	7.20±5.10
2015	DXFSY01	0.16	白桦	2	9.10±2.40
2015	DXFSY02	0.16	兴安落叶松	130	13.00±8.10
2015	DXFSY02	0.16	白桦	8	15.10±6.90
2015	DXFSY03	0.06	兴安落叶松	71	8.23±3.29
2015	DXFSY03	0.06	白桦	95	8.28±3.29
2015	DXFSY04	0.16	兴安落叶松	600	0.08±0.03
2015	DXFSY04	0.16	白桦	86	0.10±0.04
2015	DXFSY05	0.16	兴安落叶松	799	5.80±3.00
2015	DXFSY05	0.16	白桦	191	3.20±2.90

（续）

年份	样地代码	样地面积（hm²）	植物种名	株数（株）	平均高度（m）
2015	DXFSY06	0.16	兴安落叶松	625	7.40±2.70
2015	DXFSY06	0.16	白桦	58	7.90±4.00

表 3-8 中为 2009 年灌木植物数量观测数据。

表 3-8　2009 年和 2015 年灌木植物数量

年份	样地代码	样地面积（hm²）	植物名称	株数（株）
2009	DXFSY01	0.16	刺玫	2 480
2009	DXFSY01	0.16	杜香	47 040
2009	DXFSY01	0.16	笃斯越橘	6 960
2009	DXFSY01	0.16	柴桦	720
2009	DXFSY01	0.16	金露梅	80
2009	DXFSY01	0.16	越橘	36 480
2009	DXFSY02	0.16	绣线菊	1 467
2009	DXFSY02	0.16	越橘	2 400
2009	DXFSY02	0.16	刺玫	2 000
2009	DXFSY03	0.06	山杨	7
2009	DXFSY03	0.06	茶藨子	2 974
2009	DXFSY03	0.06	杜鹃	3 385
2009	DXFSY03	0.06	杜香	21 948
2009	DXFSY03	0.06	绣线菊	1 128
2009	DXFSY03	0.06	刺玫	4 923
2009	DXFSY03	0.06	越橘	19 076
2009	DXFSY04	0.16	杜鹃	7 067
2009	DXFSY04	0.16	越橘	112 533
2009	DXFSY04	0.16	杜香	36 000
2009	DXFSY04	0.16	刺玫	2 400
2009	DXFSY05	0.16	杜香	159 700
2009	DXFSY05	0.16	笃斯越橘	10 076
2009	DXFSY05	0.16	刺玫	3 200
2009	DXFSY05	0.16	越橘	1 604 800
2009	DXFSY06	0.16	笃斯越橘	42 000
2009	DXFSY06	0.16	杜香	183 700
2009	DXFSY06	0.16	刺玫	3 500
2009	DXFSY06	0.16	金露梅	1 500
2009	DXFSY06	0.16	越橘	900 800
2015	DXFSY01	0.16	刺玫	240
2015	DXFSY01	0.16	杜香	16 480
2015	DXFSY01	0.16	笃斯越橘	240

（续）

年份	样地代码	样地面积（hm²）	植物名称	株数（株）
2015	DXFSY01	0.16	越橘	65 120
2015	DXFSY02	0.16	绣线菊	800
2015	DXFSY02	0.16	越橘	39 000
2015	DXFSY03	0.06	杜香	6 462
2015	DXFSY03	0.06	刺玫	3 200
2015	DXFSY03	0.06	茶藨子	2 462
2015	DXFSY03	0.06	兴安杜鹃	2 385
2015	DXFSY03	0.06	珍珠梅	385
2015	DXFSY03	0.06	绣线菊	2 000
2015	DXFSY03	0.06	越橘	2 538
2015	DXFSY04	0.16	兴安杜鹃	9 067
2015	DXFSY04	0.16	刺玫	1 600
2015	DXFSY04	0.16	越橘	51 733
2015	DXFSY04	0.16	杜香	13 467
2015	DXFSY05	0.16	杜香	240 800
2015	DXFSY05	0.16	笃斯越橘	181 200
2015	DXFSY05	0.16	刺玫	4 400
2015	DXFSY05	0.16	绣线菊	2 000
2015	DXFSY05	0.16	越橘	1 604 800
2015	DXFSY06	0.16	笃斯越橘	44 000
2015	DXFSY06	0.16	杜香	206 000
2015	DXFSY06	0.16	刺玫	3 600
2015	DXFSY06	0.16	金露梅	2 000
2015	DXFSY06	0.16	越橘	916 800

表 3-9 中为 2009 年灌木基径观测数据。

表 3-9　2009 年灌木基径

年份	样地代码	样地面积（hm²）	植物名称	株数（株）	基径（cm）
2009	DXFSY01	0.16	刺玫	2 480	0.60±0.20
2009	DXFSY01	0.16	杜香	47 040	0.10±0.03
2009	DXFSY01	0.16	笃斯越橘	6 960	0.20±0.11
2009	DXFSY01	0.16	柴桦	720	0.20±0.12
2009	DXFSY01	0.16	金露梅	80	0.80±0.30
2009	DXFSY01	0.16	越橘	36 480	0.10±0.04
2009	DXFSY02	0.16	刺玫	2 000	0.10±0.05
2009	DXFSY02	0.16	绣线菊	1 467	0.53±0.23
2009	DXFSY02	0.16	越橘	2 400	0.68±0.25
2009	DXFSY02	0.16	刺玫	2 000	0.62±0.27

（续）

年份	样地代码	样地面积（hm²）	植物名称	株数（株）	基径（cm）
2009	DXFSY03	0.06	茶藨子	2 974	0.10±0.02
2009	DXFSY03	0.06	杜鹃	3 385	0.10±0.03
2009	DXFSY03	0.06	杜香	21 948	0.10±0.01
2009	DXFSY03	0.06	绣线菊	1 128	0.20±0.17
2009	DXFSY03	0.06	刺玫	4 923	1.00±0.97
2009	DXFSY03	0.06	越橘	19 076	0.56±0.31
2009	DXFSY03	0.06	珍珠梅	615	0.43±0.23
2009	DXFSY04	0.16	兴安杜鹃	7 067	0.40±0.25
2009	DXFSY04	0.16	越橘	112 533	0.20±0.15
2009	DXFSY04	0.16	杜香	36 000	0.30±0.27
2009	DXFSY04	0.16	刺玫	2 400	2.10±0.38
2009	DXFSY05	0.16	刺玫	11 200	0.40±0.33
2009	DXFSY05	0.16	杜香	6 400	0.30±0.24
2009	DXFSY06	0.16	刺玫	8 000	0.20±0.13
2009	DXFSY06	0.16	杜香	11 200	0.20±0.12
2009	DXFSY06	0.16	笃斯越橘	16 000	0.10±0.06

表 3-10 中为 2015 年灌木基径观测数据。

表 3-10　2015 年灌木基径

年份	样地代码	样地面积（hm²）	植物名称	株数（株）	基径（cm）
2015	DXFSY01	0.16	笃斯越橘	240	0.10±0.04
2015	DXFSY01	0.16	越橘	65 120	0.2±0.35
2015	DXFSY02	0.16	绣线菊	800	0.20±0.05
2015	DXFSY02	0.16	越橘	39 000	0.20±0.30
2015	DXFSY03	0.06	杜香	6 462	0.10±0.02
2015	DXFSY03	0.06	刺玫	3 200	0.10±0.05
2015	DXFSY03	0.06	茶藨子	2 462	0.30±0.01
2015	DXFSY03	0.06	兴安杜鹃	2 385	0.20±0.03
2015	DXFSY03	0.06	珍珠梅	385	0.20±0.12
2015	DXFSY03	0.06	绣线菊	2 000	0.56±0.28
2015	DXFSY03	0.06	越橘	2 538	0.58±0.29
2015	DXFSY04	0.16	兴安杜鹃	9 067	0.50±0.41
2015	DXFSY04	0.16	刺玫	1 600	0.20±0.11
2015	DXFSY04	0.16	越橘	51 733	1.20±0.15
2015	DXFSY04	0.16	杜香	13 467	0.30±0.23
2015	DXFSY05	0.16	杜香	240 800	0.20±0.11
2015	DXFSY05	0.16	笃斯越橘	181 200	0.10±0.15
2015	DXFSY05	0.16	刺玫	4 400	0.10±0.09

（续）

年份	样地代码	样地面积（hm²）	植物名称	株数（株）	基径（cm）
2015	DXFSY05	0.16	绣线菊	2 000	0.10±0.05
2015	DXFSY05	0.16	越橘	1 604 800	0.62±0.24
2015	DXFSY06	0.16	笃斯越橘	44 000	0.48±0.26
2015	DXFSY06	0.16	杜香	206 000	0.52±0.23
2015	DXFSY06	0.16	刺玫	3 600	0.50±0.29
2015	DXFSY06	0.16	金露梅	2 000	0.55±0.25
2015	DXFSY06	0.16	越橘	916 800	0.46±0.22

表 3-11 中为 2009 年和 2015 年灌木平均高度观测数据。

表 3-11　2009 年和 2015 年灌木平均高度

年份	样地代码	样地面积（hm²）	植物名称	株数（株）	平均高度（m）
2009	DXFSY01	0.16	柴桦	720	0.91±0.16
2009	DXFSY01	0.16	笃斯越橘	6 960	0.23±0.10
2009	DXFSY01	0.16	杜香	47 040	0.31±0.06
2009	DXFSY01	0.16	越橘	36 480	0.06±0.02
2009	DXFSY01	0.16	刺玫	2 480	0.21±0.04
2009	DXFSY01	0.16	金露梅	80	0.85±0.00
2009	DXFSY02	0.16	绣线菊	1 467	0.27±0.06
2009	DXFSY02	0.16	越橘	2 400	0.06±0.02
2009	DXFSY02	0.16	刺玫	2 000	0.22±0.13
2009	DXFSY03	0.06	茶藨子	1 450	0.35±0.04
2009	DXFSY03	0.06	兴安杜鹃	1 650	1.06±0.06
2009	DXFSY03	0.06	杜香	10 700	0.25±0.25
2009	DXFSY03	0.06	越橘	9 300	0.09±0.02
2009	DXFSY03	0.06	绣线菊	550	0.26±0.00
2009	DXFSY03	0.06	珍珠玫	300	0.42±0.00
2009	DXFSY03	0.06	刺玫	2 400	0.22±0.04
2009	DXFSY04	0.16	兴安杜鹃	7 067	1.13±0.15
2009	DXFSY04	0.16	越橘	112 533	0.10±0.02
2009	DXFSY04	0.16	刺玫	2 400	0.23±0.01
2009	DXFSY04	0.16	杜香	36 000	0.17±0.57
2009	DXFSY05	0.16	杜香	159 700	0.10±0.05
2009	DXFSY05	0.16	笃斯越橘	10 076	0.30±0.10
2009	DXFSY05	0.16	刺玫	3 200	0.10±0.05
2009	DXFSY05	0.16	越橘	1 604 800	0.10±0.03
2009	DXFSY06	0.16	笃斯越橘	42 000	0.30±0.10
2009	DXFSY06	0.16	杜香	183 700	0.20±0.07
2009	DXFSY06	0.16	刺玫	3 500	0.20±0.04

（续）

年份	样地代码	样地面积（hm²）	植物名称	株数（株）	平均高度（m）
2009	DXFSY06	0.16	金露梅	1 500	0.09±0.03
2009	DXFSY06	0.16	越橘	900 800	0.09±0.02
2015	DXFSY01	0.16	笃斯越橘	240	0.27±0.02
2015	DXFSY01	0.16	杜香	16 480	0.24±0.03
2015	DXFSY01	0.16	越橘	65 120	0.25±0.01
2015	DXFSY01	0.16	刺玫	240	0.25±0.02
2015	DXFSY02	0.16	绣线菊	800	0.47±0.16
2015	DXFSY02	0.16	越橘	39 000	0.05±0.05
2015	DXFSY03	0.06	茶藨子	1 600	0.40±0.04
2015	DXFSY03	0.06	刺玫	1 600	0.18±0.04
2015	DXFSY03	0.06	杜香	4 200	0.19±0.03
2015	DXFSY03	0.06	兴安杜鹃	1 550	0.91±0.00
2015	DXFSY03	0.06	绣线菊	1 300	0.30±0.00
2015	DXFSY03	0.06	珍珠梅	250	0.22±0.07
2015	DXFSY04	0.16	刺玫	1 600	0.20±0.05
2015	DXFSY04	0.16	杜香	13 466	0.18±0.09
2015	DXFSY04	0.16	兴安杜鹃	9 067	1.05±0.73
2015	DXFSY04	0.16	越橘	206 932	0.06±0.02
2015	DXFSY05	0.16	杜香	240 800	0.10±0.05
2015	DXFSY05	0.16	笃斯越橘	181 200	0.30±0.10
2015	DXFSY05	0.16	刺玫	4 400	0.10±0.05
2015	DXFSY05	0.16	绣线菊	2 000	0.50±0.10
2015	DXFSY05	0.16	越橘	1 604 800	0.10±0.03
2015	DXFSY06	0.16	笃斯越橘	44 000	0.30±0.10
2015	DXFSY06	0.16	杜香	206 000	0.20±0.07
2015	DXFSY06	0.16	刺玫	3 600	0.20±0.04
2015	DXFSY06	0.16	金露梅	2 000	0.09±0.03
2015	DXFSY06	0.16	越橘	916 800	0.09±0.02

草本层物种组成、生物量、平均树高见表 3-12、表 3-13。

表 3-12　2009 年和 2015 年草本植物数量

年份	样地代码	样地面积（hm²）	植物名称	株数（株）
2009	DXFSY01	0.16	薹草	3 200
2009	DXFSY01	0.16	红花鹿蹄草	3 840
2009	DXFSY01	0.16	沙参	320
2009	DXFSY01	0.16	林问荆	1 600
2009	DXFSY01	0.16	小叶章	16 000

（续）

年份	样地代码	样地面积（hm²）	植物名称	株数（株）
2009	DXFSY02	0.16	地榆	5 867
2009	DXFSY02	0.16	牻牛儿苗	9 067
2009	DXFSY02	0.16	东方草莓	16 533
2009	DXFSY02	0.16	红花鹿蹄草	57 600
2009	DXFSY02	0.16	大叶野豌豆	18 133
2009	DXFSY02	0.16	歪头菜	1 600
2009	DXFSY02	0.16	风毛菊	5 600
2009	DXFSY02	0.16	玉竹	8 000
2009	DXFSY02	0.16	沙参	5 867
2009	DXFSY02	0.16	裂叶蒿	13 334
2009	DXFSY02	0.16	小叶章	20 800
2009	DXFSY02	0.16	梗草	3 200
2009	DXFSY02	0.16	唐松草	1 600
2009	DXFSY02	0.16	薹草	378 667
2009	DXFSY02	0.16	茜草	4 800
2009	DXFSY03	0.06	珍珠梅	615
2009	DXFSY03	0.06	红花鹿蹄草	1 185
2009	DXFSY03	0.06	薹草	47 210
2009	DXFSY03	0.06	舞鹤草	3 951
2009	DXFSY03	0.06	东方草莓	4 346
2009	DXFSY03	0.06	歪头菜	593
2009	DXFSY03	0.06	林问荆	4 543
2009	DXFSY03	0.06	小叶章	48 395
2009	DXFSY03	0.06	大叶野豌豆	2 370
2009	DXFSY03	0.06	裂叶蒿	5 531
2009	DXFSY03	0.06	老鹳草	1 383
2009	DXFSY03	0.06	大叶章	395
2009	DXFSY03	0.06	茜草	1 185
2009	DXFSY03	0.06	沙参	988
2009	DXFSY04	0.16	小叶章	41 600
2009	DXFSY04	0.16	舞鹤草	51 200
2009	DXFSY04	0.16	薹草	14 933
2009	DXFSY04	0.16	大叶野豌豆	3 733
2009	DXFSY04	0.16	沙参	1 600
2009	DXFSY04	0.16	红花鹿蹄草	4 267
2009	DXFSY05	0.16	茜草	12 300
2009	DXFSY05	0.16	大叶章	23 500
2009	DXFSY05	0.16	地榆	4 600

（续）

年份	样地代码	样地面积（hm²）	植物名称	株数（株）
2009	DXFSY06	0.16	大叶章	105 400
2009	DXFSY06	0.16	北极花	17 500
2009	DXFSY06	0.16	三叶芹	20 420
2009	DXFSY06	0.16	地榆	1 900
2009	DXFSY06	0.16	七瓣莲	11 000
2009	DXFSY06	0.16	茜草	32 600
2015	DXFSY01	0.16	薹草	30 080
2015	DXFSY01	0.16	红花鹿蹄草	88 320
2015	DXFSY01	0.16	沙参	320
2015	DXFSY01	0.16	林问荆	320
2015	DXFSY01	0.16	地榆	320
2015	DXFSY01	0.16	耧斗菜	2 880
2015	DXFSY01	0.16	大叶章	8 960
2015	DXFSY02	0.16	东方草莓	23 040
2015	DXFSY02	0.16	地榆	4 000
2015	DXFSY02	0.16	鸢尾	62 720
2015	DXFSY02	0.16	大叶章	8 400
2015	DXFSY02	0.16	薹草	298 667
2015	DXFSY02	0.16	沙参	8 320
2015	DXFSY02	0.16	多茎野豌豆	7 200
2015	DXFSY02	0.16	唐松草	11 733
2015	DXFSY02	0.16	蚊子草	4 267
2015	DXFSY02	0.16	铃兰	30 400
2015	DXFSY02	0.16	红花鹿蹄草	86 400
2015	DXFSY02	0.16	老鹳草	8 000
2015	DXFSY03	0.06	东方草莓	15 111
2015	DXFSY03	0.06	北极花	1 778
2015	DXFSY03	0.06	七瓣莲	4 000
2015	DXFSY03	0.06	舞鹤草	1 185
2015	DXFSY03	0.06	三叶芹	1 481
2015	DXFSY03	0.06	大叶章	10 963
2015	DXFSY03	0.06	林问荆	1 481
2015	DXFSY03	0.06	七瓣莲	1 481
2015	DXFSY03	0.06	牛蒡草	1 037
2015	DXFSY03	0.06	多茎野豌豆	444
2015	DXFSY03	0.06	茜草	8 593
2015	DXFSY04	0.16	红花鹿蹄草	5 867
2015	DXFSY04	0.16	北极花	69 867

（续）

年份	样地代码	样地面积（hm²）	植物名称	株数（株）
2015	DXFSY04	0.16	舞鹤草	60 267
2015	DXFSY04	0.16	大叶章	13 333
2015	DXFSY04	0.16	林问荆	1 067
2015	DXFSY04	0.16	大叶野豌豆	2 667
2015	DXFSY04	0.16	三叶芹	4 267
2015	DXFSY04	0.16	多茎野豌豆	533
2015	DXFSY04	0.16	长白沙参	533
2015	DXFSY04	0.16	东方草莓	1 600
2015	DXFSY04	0.16	茜草	10 667
2015	DXFSY04	0.16	沙参	533
2015	DXFSY04	0.16	老鹳草	533
2015	DXFSY04	0.16	鸢尾	9 067
2015	DXFSY04	0.16	七瓣莲	1 600
2015	DXFSY05		茜草	158 400
2015	DXFSY05	0.16	大叶章	24 000
2015	DXFSY05	0.16	石蕊	12 800
2015	DXFSY05	0.16	地榆	4 800
2015	DXFSY05	0.16	三叶芹	11 200
2015	DXFSY06	0.16	大叶章	107 200
2015	DXFSY06	0.16	北极花	17 600
2015	DXFSY06	0.16	三叶芹	22 400
2015	DXFSY06	0.16	地榆	3 200
2015	DXFSY06	0.16	七瓣莲	11 200
2015	DXFSY06	0.16	茜草	38 400

表 3-13　2009 年和 2015 年草本植物平均高度

年份	样地代码	样地面积（hm²）	植物名称	株数（株）	平均高度（m）
2009	DXFSY01	0.16	红花鹿蹄草	3 840	0.06±0.01
2009	DXFSY01	0.16	林问荆	1 600	0.25±0.00
2009	DXFSY01	0.16	沙参	320	0.07±0.00
2009	DXFSY01	0.16	薹草	3 200	0.15±0.00
2009	DXFSY01	0.16	小叶章	16 000	0.23±0.04
2009	DXFSY02	0.16	地榆	5 867	0.30±0.25
2009	DXFSY02	0.16	犇牛儿苗	9 067	0.16±0.07
2009	DXFSY02	0.16	东方草莓	16 533	0.16±0.05
2009	DXFSY02	0.16	红花鹿蹄草	57 600	0.25±0.08
2009	DXFSY02	0.16	大叶野豌豆	18 133	0.16±0.08
2009	DXFSY02	0.16	歪头菜	1 600	0.14±0.06

（续）

年份	样地代码	样地面积（hm²）	植物名称	株数（株）	平均高度（m）
2009	DXFSY02	0.16	风毛菊	5 600	0.13±0.03
2009	DXFSY02	0.16	玉竹	8 000	0.23±0.13
2009	DXFSY02	0.16	沙参	5 867	0.26±0.16
2009	DXFSY02	0.16	裂叶蒿	13 334	0.13±0.05
2009	DXFSY02	0.16	小叶章	20 800	0.19±0.07
2009	DXFSY02	0.16	梗草	3 200	0.43±0.14
2009	DXFSY02	0.16	唐松草	1 600	0.10±0.00
2009	DXFSY02	0.16	薹草	378 667	0.15±0.07
2009	DXFSY02	0.16	茜草	4 800	0.15±0.05
2009	DXFSY03	0.06	红花鹿蹄草	1 200	0.05±0.01
2009	DXFSY03	0.06	沙参	1 000	0.25±0.00
2009	DXFSY03	0.06	歪头菜	600	0.13±0.01
2009	DXFSY03	0.06	野草莓	4 400	0.10±0.00
2009	DXFSY03	0.06	老鹳草	1 400	0.11±0.02
2009	DXFSY03	0.06	裂叶蒿	5 600	0.10±0.02
2009	DXFSY03	0.06	林问荆	4 600	0.26±0.07
2009	DXFSY03	0.06	大叶章	400	0.10±0.04
2009	DXFSY03	0.06	茜草	1 200	0.25±0.00
2009	DXFSY03	0.06	薹草	47 800	0.10±0.06
2009	DXFSY03	0.06	舞鹤草	4 000	0.04±0.00
2009	DXFSY03	0.06	小叶章	49 000	0.10±0.08
2009	DXFSY03	0.06	大叶野豌豆	2 400	0.18±0.02
2009	DXFSY04	0.16	舞鹤草	51 200	0.06±0.02
2009	DXFSY04	0.16	大叶野豌豆	3 733	0.30±0.00
2009	DXFSY04	0.16	沙参	1 600	0.13±0.00
2009	DXFSY04	0.16	铁线莲	4 800	0.07±0.02
2009	DXFSY04	0.16	小叶章	41 600	0.19±0.00
2009	DXFSY04	0.16	薹草	14 933	0.09±0.00
2009	DXFSY04	0.16	红花鹿蹄草	4 267	0.05±0.00
2009	DXFSY05	0.16	茜草	12 300	0.20±0.05
2009	DXFSY05	0.16	大叶章	23 500	0.40±0.10
2009	DXFSY05	0.16	地榆	4 600	0.20±0.02
2009	DXFSY06	0.16	大叶章	105 400	0.01±0.007
2009	DXFSY06	0.16	北极花	17 500	0.09±0.01
2009	DXFSY06	0.16	三叶芹	20 420	0.08±0.01
2009	DXFSY06	0.16	地榆	1 900	0.04±0.01
2009	DXFSY06	0.16	七瓣莲	11 000	0.08±0.01
2009	DXFSY06	0.16	茜草	32 600	0.20±0.04

（续）

年份	样地代码	样地面积（hm²）	植物名称	株数（株）	平均高度（m）
2015	DXFSY01	0.16	大叶章	8 960	0.25±0.01
2015	DXFSY01	0.16	地榆	320	0.32±0.00
2015	DXFSY01	0.16	红花鹿蹄草	88 320	0.16±0.25
2015	DXFSY01	0.16	耧斗菜	2 880	0.09±0.02
2015	DXFSY01	0.16	沙参	320	0.52±0.00
2015	DXFSY01	0.16	林问荆	320	0.15±0.00
2015	DXFSY01	0.16	薹草	30 080	0.09±0.02
2015	DXFSY02	0.16	东方草莓	23 040	0.17±0.08
2015	DXFSY02	0.16	地榆	4 000	0.23±0.11
2015	DXFSY02	0.16	鸢尾	62 720	0.21±0.11
2015	DXFSY02	0.16	大叶章	8 400	0.34±0.09
2015	DXFSY02	0.16	薹草	298 667	0.25±0.08
2015	DXFSY02	0.16	沙参	8 320	0.31±0.07
2015	DXFSY02	0.16	多茎野豌豆	7 200	0.25±0.07
2015	DXFSY02	0.16	唐松草	11 733	0.23±0.14
2015	DXFSY02	0.16	蚊子草	4 267	0.31±0.14
2015	DXFSY02	0.16	铃兰	30 400	0.21±0.12
2015	DXFSY02	0.16	红花鹿蹄草	86 400	0.03±0.01
2015	DXFSY02	0.16	老鹳草	8 000	0.26±0.12
2015	DXFSY04	0.16	北极花	69 868	0.10±0.04
2015	DXFSY04	0.16	大叶章	13 332	0.03±0.00
2015	DXFSY04	0.16	东方草莓	1 600	0.11±0.00
2015	DXFSY04	0.16	红花鹿蹄草	5 868	0.04±0.00
2015	DXFSY04	0.16	老鹳草	532	0.14±0.00
2015	DXFSY04	0.16	林问荆	1 064	0.12±0.00
2015	DXFSY04	0.16	七瓣莲	1 600	0.10±0.00
2015	DXFSY04	0.16	茜草	10 668	0.17±0.00
2015	DXFSY04	0.16	三叶芹	4 268	0.08±0.02
2015	DXFSY04	0.16	沙参	532	0.24±0.00
2015	DXFSY04	0.16	铁线莲	532	0.16±0.00
2015	DXFSY04	0.16	舞鹤草	11 732	0.07±0.01
2015	DXFSY04	0.16	大叶野豌豆	2 668	0.42±0.01
2015	DXFSY04	0.16	多茎野豌豆	532	0.23±0.00
2015	DXFSY04	0.16	鸢尾	9 068	0.20±0.00
2015	DXFSY04	0.16	长白沙参	532	0.41±0.00
2015	DXFSY05	0.16	茜草	158 400	0.20±0.05
2015	DXFSY05	0.16	大叶章	24 000	0.40±0.10
2015	DXFSY05	0.16	地榆	4 800	0.20±0.02

（续）

年份	样地代码	样地面积（hm²）	植物名称	株数（株）	平均高度（m）
2015	DXFSY05	0.16	三叶芹	11 200	0.10±0.001
2015	DXFSY06	0.16	大叶章	107 200	0.40±0.10
2015	DXFSY06	0.16	北极花	17 600	0.05±0.008
2015	DXFSY06	0.16	三叶芹	22 400	0.09±0.01
2015	DXFSY06	0.16	地榆	3 200	0.10±0.05
2015	DXFSY06	0.16	七瓣莲	11 200	0.08±0.008
2015	DXFSY06	0.16	茜草	38 400	0.20±0.04

3.1.3　树种更新状况

3.1.3.1　概述

　　本数据集包含大兴安岭生态站 2009 年和 2015 年 6 块固定观测样地生长季（7—8 月）的观测数据，观测内容包括植物种类、实生苗株数（株）、萌生苗株数（株）。数据采集地点：大兴安岭生态站兴安落叶松原始林固定样地 1（DXFSY01），大兴安岭生态站兴安落叶松原始林固定样地 2（DXFSY02），大兴安岭生态站皆伐更新林固定样地 1（DXFSY03），大兴安岭生态站皆伐更新林固定样地 2（DXFSY04），大兴安岭生态站渐伐更新林固定样地 1（DXFSY05），大兴安岭生态站渐伐更新林固定样地 2（DXFSY06）。数据采集时间：生长季，一般在每年 7—8 月进行。

3.1.3.2　数据采集及处理方法

　　树种更新调查在 DXFSY01～DXFSY06 固定样地内进行，根据本底调查数据调查样方内所有的幼树和幼苗，并记录相关数据。

3.1.3.3　数据质量控制和评估

　　物种更新监测主要是监测样地内植物种类变化、个体数量的增减。

3.1.3.4　数据价值/数据使用方法和建议

　　幼苗更新是一个重要的生态学过程，是生物种群在时间和空间上不断延续、发展或发生演替，对未来森林群落的结构、格局及其生物多样性都有深远的影响。因此，森林群落中树种的更新是森林生态系统动态研究中的重要方向之一。

　　大兴安岭生态站多年长期尺度调查大兴安岭兴安落叶松-白桦混交林幼苗的更新动态，数据具有连续性、完整性、一致性和可比性，可以结合光照、水分、土壤肥力等数据从森林物种多样性维持、森林演替和植被恢复等角度探讨和研究。

3.1.3.5　数据

　　具体树种更新状况见表 3-14、表 3-15。

表 3-14　2009 年和 2015 年实生苗与萌生苗株数

年份	样地代码	样地面积（hm²）	植物名称	实生株数（株）	萌生株数（株）
2009	DXFSY01	0.16	白桦	0	0
2009	DXFSY01	0.16	兴安落叶松	234	0
2009	DXFSY02	0.16	白桦	8	0
2009	DXFSY02	0.16	兴安落叶松	144	0
2009	DXFSY03	0.06	兴安落叶松	226	0

（续）

年份	样地代码	样地面积（hm²）	植物名称	实生株数（株）	萌生株数（株）
2009	DXFSY03	0.06	白桦	85	8
2009	DXFSY03	0.06	山杨	7	0
2009	DXFSY04	0.16	兴安落叶松	983	0
2009	DXFSY04	0.16	白桦	156	28
2009	DXFSY04	0.16	山杨	6	0
2009	DXFSY05	0.16	白桦	30	0
2009	DXFSY05	0.16	兴安落叶松	571	0
2009	DXFSY06	0.16	白桦	58	4
2009	DXFSY06	0.16	兴安落叶松	625	0
2015	DXFSY01	0.16	白桦	2	0
2015	DXFSY01	0.16	兴安落叶松	349	0
2015	DXFSY02	0.16	白桦	8	0
2015	DXFSY02	0.16	兴安落叶松	130	0
2015	DXFSY03	0.06	兴安落叶松	71	0
2015	DXFSY03	0.06	白桦	95	6
2015	DXFSY04	0.16	兴安落叶松	600	0
2015	DXFSY04	0.16	白桦	86	13
2015	DXFSY05	0.16	白桦	191	20
2015	DXFSY05	0.16	兴安落叶松	799	0
2015	DXFSY06	0.16	白桦	58	18
2015	DXFSY06	0.16	兴安落叶松	625	0

表 3-15 中为 2009 年和 2015 年植物物种数观测数据。

表 3-15　2009 年和 2015 年植物物种数

年份	样地代码	样地面积（hm²）	乔木物种数（种）	灌木物种数（种）	草本物种数（种）
2009	DXFSY01	0.16	2	6	5
2009	DXFSY02	0.16	2	3	17
2009	DXFSY03	0.06	2	7	13
2009	DXFSY04	0.16	3	4	6
2009	DXFSY05	0.16	2	5	8
2009	DXFSY06	0.16	2	9	7
2015	DXFSY01	0.16	2	4	7
2015	DXFSY02	0.16	2	2	12
2015	DXFSY03	0.06	2	7	10
2015	DXFSY04	0.16	2	4	15
2015	DXFSY05	0.16	2	5	8
2015	DXFSY06	0.16	2	9	7

3.1.4　乔、灌、草各层叶面积指数

3.1.4.1　概述

本数据集包含大兴安岭生态站 2009 年和 2015 年 6 块固定观测样地生长季（7—8 月）的观测数据，观测内容包括乔木层叶面积指数、灌木层叶面积指数和草本层叶面积指数。数据采集地点：大兴安岭生态站兴安落叶松原始林固定样地 1（DXFSY01），大兴安岭生态站兴安落叶松原始林固定样地 2（DXFSY02），大兴安岭生态站皆伐更新林固定样地 1（DXFSY03），大兴安岭生态站皆伐更新林固定样地 2（DXFSY04），大兴安岭生态站渐伐更新林固定样地 1（DXFSY05），大兴安岭生态站渐伐更新林固定样地 2（DXFSY06）。数据采集时间：生长季，一般在每年 7—8 月进行。

3.1.4.2　数据采集及处理方法

叶面积指数（LAI）监测点选定在 6 块固定样方内进行，测量位置设在凋落物框附近。叶面积指数测定仪器是 LAI2000 冠层分析仪，在观测当天的 8：00、16：00 测定乔木层、灌木层、草本层各层的叶面积指数。

在灌木层之上用冠层分析仪对乔木层冠层进行扫描，测定得到乔木层叶面积指数（LAI0）；在每一块选定的固定样方中，将冠层分析仪置于森林群落灌木层下、草本层上的位置，对整个群落进行扫描，可得到森林群落乔木层与灌木层的叶面积指数 LAI1（LAI1＝乔木层叶面积指数＋灌木层叶面积指数）；在每一块选定的固定样地中，将冠层分析仪置于森林群落草本层下的地面上，对整个群落进行扫描，可得到森林群落的总叶面积指数 LAI2（LAI2＝乔木层叶面积指数＋灌木层叶面积指数＋草本层叶面积指数）。

用乔木层叶面积指数和灌木层叶面积指数（LAI1）减去乔木层叶面积指数（LAI0）即得到森林灌木层叶面积指数；用森林群落的总叶面积指数（LAI2）减去乔木层叶面积指数和灌木层叶面积指数即得到森林草本层叶面积指数。

3.1.4.3　数据质量控制和评估

由于叶面积指数具有明显的季节动态变化，叶面积指数数据随季节具有一定幅度的波动性。因此，叶面积指数数据应审验查完整性与合理性，如果室内分析发现异常数据（LAI 乔木＞LAI 乔木＋LAI 灌木，或者 LAI 乔木 LAI 灌木＞LAI 乔木 LAI 灌木＋LAI 草本），可能的原因为乔木、灌木、草本不同层次的测定顺序弄错，或各层次高度没有把握好。叶面积指数数据缺失往往是仪器故障造成的。叶面积指数数据合理性的审验主要是看其是否符合季节动态变化规律。

3.1.4.4　数据价值/数据使用方法和建议

叶面积指数是表征冠层结构的关键参数，它影响森林植物光合、呼吸、蒸腾、降水截留、能量交换等诸多生态过程，本数据集可以为相关研究提供基础数据。

3.1.4.5　数据

表 3 - 16 中为 2009 年和 2015 年叶面积指数观测数据。

表 3 - 16　2009 年和 2015 年叶面积指数

时间（年-月）	样地代码	乔木叶面积指数	灌木叶面积指数	草本叶面积指数
2009 - 07	DXFSY01	2.22	1.35	0.92
2009 - 07	DXFSY02	2.58	1.27	0.87
2009 - 07	DXFSY03	2.03	1.35	0.90
2009 - 07	DXFSY04	2.34	0.74	0.88
2009 - 07	DXFSY05	2.01	1.39	0.90
2009 - 07	DXFSY06	2.28	0.88	0.99

（续）

时间（年-月）	样地代码	乔木叶面积指数	灌木叶面积指数	草本叶面积指数
2015 - 07	DXFSY01	2.08	0.57	0.99
2015 - 07	DXFSY02	2.44	0.67	1.00
2015 - 07	DXFSY03	2.73	1.45	0.98
2015 - 07	DXFSY04	2.35	1.40	0.86
2015 - 07	DXFSY05	2.29	0.99	0.96
2015 - 07	DXFSY06	2.55	1.35	0.89

3.1.5 凋落物回收量季节动态与现存量

3.1.5.1 概述

本数据集包含大兴安岭生态站 2009—2015 年 6 块固定观测样地生长季（7—8 月）的观测数据，观测内容包括枯枝干重（g/样地）、枯叶干重（g/样地）、落果（花）干重（g/样地）、树皮干重（g/样地）、苔藓地衣干重（g/样地）、杂物干重（g/样地）。数据采集地点：大兴安岭生态站兴安落叶松原始林固定样地 1（DXFSY01），大兴安岭生态站兴安落叶松原始林固定样地 2（DXFSY02），大兴安岭生态站皆伐更新林固定样地 1（DXFSY03），大兴安岭生态站皆伐更新林固定样地 2（DXFSY04），大兴安岭生态站渐伐更新林固定样地 1（DXFSY05），大兴安岭生态站渐伐更新林固定样地 2（DXFSY06）。植物群落凋落物现存量的收集在每年 10 月进行；凋落物回收量数据在每个月月末收集一次。

3.1.5.2 数据采集及处理方法

采集和处理流程：野外样品收集进站—分拣—烘烤—干重称量—保存备用或放回原地。

凋落物回收量：每个月把野外凋落物框（1 m×1 m）中凋落物收回室内，然后按叶、枝、落花（果）、树皮、附生物（苔藓地衣）、杂物等类别分拣，根据凋落物框编号，将体积较小的枝、落花（果）、树皮、附生物（苔藓地衣）、杂物等放置于玻璃培养皿中，将体积较大的叶片放置在铝质轻盘中，内置标签，注明样品所在凋落物框编号。

凋落物现存量：凋落物现存量的取样样方（样方投影面积为 1 m×1 m）设置在凋落物框附近，用卷尺或者边框确定边界，首先将延伸出边界的枝干用枝剪或锯子截断并收集，然后收集样方范围内的凋落物并编号，带回室内风干，按枝、叶、繁殖器官（花、果或种子）、树皮、附生物（苔藓地衣）、杂物等类别分拣，分别置于布袋内并编号。

在恒温干燥箱里烘烤样品，将分拣后的凋落物按部位装在布袋里并放进烘干箱里，烘干温度为 65 ℃，烘烤至接近恒重即可，烘烤时间一般为 24 h，由于大兴安岭地区东西两侧干生长季节差别较大，根据所处季节需作适当调整。称量采用电子天平，将烘干后的凋落物分别按叶、枝、落花（果）、树皮、附生物（苔藓地衣）、杂物等类别称量，称量的同时记录。

3.1.5.3 数据质量控制和评估

由于植物具有季节性的落叶现象，因此月份间的数据不存在增加或减少的必然趋势，但具有一定的季节性，尤其是年总量在年际具有一定程度的稳定性。数据审验人员主要根据数据的季节性来判断数据的一致性，从年总量的基本稳定性来判断数据的合理性，从数据有无缺失判断数据的完整性。为了更好地保障数据质量，一线观测人员在日常工作中须把握好两点：一是在野外收集时应当检查凋落物框的水平状况与完好状况，如果收集框倾斜或破烂，则应在备注栏目里注明，并及时布置好凋落物收集框；二是称量读数时，若发现某些数据异常，当时就要重新调零称量并准确读数。

3.1.5.4　数据价值/数据使用方法和建议

　　凋落物是森林地上净生产量回归地表的主要方式，也是森林生态系统养分归还的重要途径，在维持土壤肥力、促进森林生态系统正常的物质循环和养分平衡方面，凋落物有着特别重要的作用。因此，研究凋落物对于理解森林碳循环的机理、预测森林碳循环对气候变化的响应都有着极其重要的意义。

　　本数据集包含凋落物回收量和凋落物现存量两方面的数据。大兴安岭生态站能长期稳定地提供凋落物量监测数据，从而为相关科研人员提供数据基础。

3.1.5.5　数据

　　表 3-17 中为 2009—2015 年凋落物回收量观测数量。

表 3-17　2009—2015 年凋落物回收量

时间（年-月）	样地代码	枯枝干重 （g/样地）	枯叶干重 （g/样地）	落果（花）干重（g/样地）	树皮干重 （g/样地）	苔藓地衣干重 （g/样地）	杂物干重 （g/样地）
2009-10	DXFSY01	21.54	67.11	12.99	20.68	0.00	45.24
2009-10	DXFSY02	10.92	27.18	13.59	29.27	0.00	41.32
2009-10	DXFSY03	20.00	41.76	12.21	14.08	0.00	43.84
2009-10	DXFSY04	17.43	55.66	9.02	27.42	0.00	9.79
2009-10	DXFSY05	22.26	46.97	10.19	14.11	0.00	15.46
2009-10	DXFSY06	1.23	56.86	12.70	23.50	0.00	12.67
2010-10	DXFSY01	29.51	63.76	11.76	28.00	0.00	57.43
2010-10	DXFSY02	28.95	40.87	10.05	10.99	0.00	6.03
2010-10	DXFSY03	30.76	56.54	10.74	13.23	0.00	36.38
2010-10	DXFSY04	27.41	37.56	13.03	16.79	0.00	18.74
2010-10	DXFSY05	26.54	60.08	6.58	12.28	0.00	21.29
2010-10	DXFSY06	26.26	30.81	10.69	17.62	0.00	11.75
2011-10	DXFSY01	25.10	43.67	13.50	16.00	0.00	58.90
2011-10	DXFSY02	33.33	42.33	30.20	33.87	0.00	7.30
2011-10	DXFSY03	46.33	68.67	34.70	10.33	0.00	11.00
2011-10	DXFSY04	15.00	33.33	6.57	10.10	0.00	6.30
2011-10	DXFSY05	22.33	26.33	9.67	26.33	0.00	14.33
2011-10	DXFSY06	15.30	33.33	7.67	25.77	0.00	59.87
2012-10	DXFSY01	14.00	55.10	8.03	18.00	0.00	36.99
2012-10	DXFSY02	28.94	47.50	6.51	19.49	0.00	27.77
2012-10	DXFSY03	5.70	30.36	7.04	11.01	0.00	42.20
2012-10	DXFSY04	24.85	27.32	7.82	21.47	0.00	6.79
2012-10	DXFSY05	13.09	28.37	10.80	11.49	0.00	59.43
2012-10	DXFSY06	1.07	47.47	12.15	26.42	0.00	18.73
2013-10	DXFSY01	19.48	46.55	7.29	11.70	0.00	35.96
2013-10	DXFSY02	18.93	61.69	11.42	13.25	0.00	50.82
2013-10	DXFSY03	5.70	44.94	8.70	27.76	0.00	27.08
2013-10	DXFSY04	24.23	48.55	13.85	18.38	0.00	51.05
2013-10	DXFSY05	30.40	47.63	13.91	24.64	0.00	34.56

（续）

时间（年-月）	样地代码	枯枝干重 （g/样地）	枯叶干重 （g/样地）	落果（花）干 重（g/样地）	树皮干重 （g/样地）	苔藓地衣干重 （g/样地）	杂物干重 （g/样地）
2013 - 10	DXFSY06	17.21	33.49	9.39	15.58	0.00	9.44
2014 - 10	DXFSY01	29.31	36.56	6.18	10.80	0.00	37.74
2014 - 10	DXFSY02	14.99	31.01	6.62	29.48	0.00	25.60
2014 - 10	DXFSY03	6.75	44.72	9.29	28.88	0.00	23.25
2014 - 10	DXFSY04	31.37	46.00	12.07	23.42	0.00	4.65
2014 - 10	DXFSY05	4.54	62.78	9.71	22.91	0.00	47.12
2014 - 10	DXFSY06	5.80	59.57	7.98	23.80	0.00	25.64
2015 - 10	DXFSY01	4.73	29.65	11.33	26.12	0.00	28.97
2015 - 10	DXFSY02	11.32	48.11	13.70	20.94	0.00	45.86
2015 - 10	DXFSY03	2.59	67.76	8.51	27.73	0.00	34.18
2015 - 10	DXFSY04	5.22	64.59	6.39	20.28	0.00	1.24
2015 - 10	DXFSY05	27.68	66.11	10.56	16.65	0.00	10.30
2015 - 10	DXFSY06	14.37	49.46	13.65	26.13	0.00	5.79

表 3-18 中为 2009—2015 年凋落物现存量观测数据。

表 3-18　2009—2015 年凋落物现存量

时间（年-月）	样地代码	枯枝干重 （g/样地）	枯叶干重 （g/样地）	落果（花）干 重（g/样地）	树皮干重 （g/样地）	苔藓地衣干重 （g/样地）	杂物干重 （g/样地）
2009 - 10	DXFSY01	4 104.86	5 940.51	3 469.66	2 523.80	0.00	778.41
2009 - 10	DXFSY02	3 951.10	4 832.60	3 409.20	1 772.24	0.00	777.06
2009 - 10	DXFSY03	1 556.35	2 127.64	1 353.97	1 805.52	0.00	1 003.85
2009 - 10	DXFSY04	2 469.87	2 115.27	1 869.45	1 604.12	0.00	1 268.67
2009 - 10	DXFSY05	2 193.85	3 717.67	1 917.56	1 413.08	0.00	1 046.37
2009 - 10	DXFSY06	3 341.93	4 079.80	1 923.17	1 912.45	0.00	383.09
2010 - 10	DXFSY01	4 134.33	6 004.22	3 481.40	2 551.76	0.00	835.81
2010 - 10	DXFSY02	3 980.01	4 873.42	3 419.23	1 783.19	0.00	783.05
2010 - 10	DXFSY03	1 565.58	2 117.07	1 351.72	1 798.07	0.00	994.99
2010 - 10	DXFSY04	2 486.36	2 125.66	1 868.89	1 591.64	0.00	1 246.09
2010 - 10	DXFSY05	2 200.38	3 735.98	1 911.94	1 411.28	0.00	1 023.82
2010 - 10	DXFSY06	3 350.76	4 054.96	1 924.84	1 902.66	0.00	385.04
2011 - 10	DXFSY01	4 159.39	6 047.83	3 494.88	2 567.72	0.00	894.67
2011 - 10	DXFSY02	4 013.31	4 915.69	3 449.41	1 817.01	0.00	790.31
2011 - 10	DXFSY03	1 590.37	2 118.62	1 373.43	1 787.73	0.00	960.75
2011 - 10	DXFSY04	2 490.44	2 131.82	1 861.87	1 572.47	0.00	1 211.07
2011 - 10	DXFSY05	2 202.71	3 720.55	1 909.39	1 423.53	0.00	994.31
2011 - 10	DXFSY06	3 348.63	4 032.63	1 923.49	1 901.00	0.00	435.12
2012 - 10	DXFSY01	4 173.35	6 102.88	3 502.89	2 585.67	0.00	931.62
2012 - 10	DXFSY02	4 042.20	4 963.14	3 455.91	1 836.45	0.00	818.04

（续）

时间（年-月）	样地代码	枯枝干重 （g/样地）	枯叶干重 （g/样地）	落果（花）干 重（g/样地）	树皮干重 （g/样地）	苔藓地衣干重 （g/样地）	杂物干重 （g/样地）
2012 - 10	DXFSY03	1 574.54	2 081.87	1 367.48	1 778.06	0.00	957.71
2012 - 10	DXFSY04	2 504.38	2 131.96	1 856.10	1 564.68	0.00	1 176.55
2012 - 10	DXFSY05	2 195.80	3 707.16	1 907.99	1 420.94	0.00	1 009.90
2012 - 10	DXFSY06	3 332.27	4 024.45	1 926.62	1 900.00	0.00	444.06
2013 - 10	DXFSY01	4 192.79	6 149.38	3 510.17	2 597.33	0.00	967.54
2013 - 10	DXFSY02	4 061.10	5 024.77	3 467.32	1 849.66	0.00	868.82
2013 - 10	DXFSY03	1 558.69	2 059.69	1 363.19	1 785.14	0.00	939.55
2013 - 10	DXFSY04	2 517.69	2 153.34	1 856.36	1 553.79	0.00	1 186.28
2013 - 10	DXFSY05	2 206.19	3 713.03	1 909.69	1 431.50	0.00	1 000.62
2013 - 10	DXFSY06	3 332.05	4 002.28	1 927.00	1 888.16	0.00	443.71
2014 - 10	DXFSY01	4 222.06	6 185.88	3 516.33	2 608.09	0.00	1 005.24
2014 - 10	DXFSY02	4 076.05	5 055.73	3 473.92	1 879.10	0.00	894.38
2014 - 10	DXFSY03	1 543.91	2 037.30	1 359.49	1 793.34	0.00	917.56
2014 - 10	DXFSY04	2 538.13	2 172.16	1 854.83	1 547.95	0.00	1 149.62
2014 - 10	DXFSY05	2 190.73	3 734.05	1 907.19	1 440.33	0.00	1 003.90
2014 - 10	DXFSY06	3 320.43	4 006.20	1 925.96	1 884.53	0.00	459.56
2015 - 10	DXFSY01	4 226.76	6 215.47	3 527.64	2 634.17	0.00	1 034.17
2015 - 10	DXFSY02	4 087.33	5 103.78	3 487.60	1 900.00	0.00	940.20
2015 - 10	DXFSY03	1 524.97	2 037.95	1 355.01	1 800.40	0.00	906.50
2015 - 10	DXFSY04	2 532.43	2 209.58	1 847.63	1 538.97	0.00	1 109.54
2015 - 10	DXFSY05	2 198.40	3 758.40	1 905.55	1 442.90	0.00	970.36
2015 - 10	DXFSY06	3 317.37	4 000.01	1 930.58	1 883.24	0.00	455.56

3.1.6　乔木、灌木植物物候观测

3.1.6.1　概述

　　数据集包含大兴安岭生态站 2009—2015 年 6 块固定观测样地生长季的观测数据，草本植物的主要观测物候期为萌动期（返青期）、开花期、果实或种子成熟期、种子散布期、黄枯期；乔木、灌木的主要观测物候期为出芽期、展叶期、首花期、盛花期、果实或种子成熟期、叶秋季变色期、落叶期。数据采集地点：大兴安岭生态站兴安落叶松原始林固定样地 1（DXFSY01），大兴安岭生态站兴安落叶松原始林固定样地 2（DXFSY02），大兴安岭生态站皆伐更新林固定样地 1（DXFSY03），大兴安岭生态站皆伐更新林固定样地 2（DXFSY04），大兴安岭生态站渐伐更新林固定样地 1（DXFSY05），大兴安岭生态站渐伐更新林固定样地 2（DXFSY06）。数据采集时间：每月月末。

3.1.6.2　数据采集及处理方法

　　物候观测的地点选在固定观测样地，根据样地复查数据、生物量数据等资料确定 6 个优势种，每个优势种选定 7 次重复物候观察，并对样树编号、挂牌，以便长期观测。高大乔木一般借助望远镜观测，采用东、南、西、北 4 个方位分别观测和记录。草本植物的物候观测应当在一定地点选定若干株作为观测目标。

3.1.6.3　数据质量控制和评估

　　不同物种的发育节律一般不同，由于地形、地势、海拔等不同，在不同的地方，即使同一物种的发育节律一般也不尽相同。物种发育年际差异很大。所以物候观测的审验主要是核对观测数据是否符合物种在其所在地区常规的发育节律，或者偏离常规发育节律的时间不能太长。如果偏离常规发育节律时间太长则应查找这段时间内是否出现过重大灾害等情况。

3.1.6.4　数据价值/数据使用方法和建议

　　本部分数据体现了较长时间尺度（7 年，2009 年开始监测）下年际植物物候期的变化情况。可以提供植物一年或多年中生长和发育状况的变化数据，研究这些变化与自然环境或人类活动胁迫因子之间的关联性；也可以比较大兴安岭区域不同植物物候进程的季节变化；了解区域植物物候是否受区域环境变化的影响，并对未来趋势进行预测。

3.1.6.5　数据

　　表 3 - 19 中为 2009—2015 年草本植物物候观测数据。

表 3 - 19　2009—2015 年草本植物物候

年份	样地代码	植物名称	萌动期（返青期）（月-日）	开花期（月-日）	果实或种子成熟期（月-日）	种子散布期（月-日）	黄枯期（月-日）
2009	DXFSY01	红花鹿蹄草	04 - 03	07 - 01	07 - 28	08 - 25	10 - 07
2009	DXFSY02	野豌豆	05 - 09	06 - 15	07 - 25	09 - 11	10 - 10
2009	DXFSY03	大叶章	05 - 02	08 - 01	08 - 01	08 - 28	10 - 25
2009	DXFSY04	茜草	05 - 12	08 - 20	10 - 03	10 - 16	10 - 30
2009	DXFSY05	铃兰	04 - 27	05 - 27	07 - 30	09 - 25	10 - 12
2009	DXFSY06	薹草	04 - 22	05 - 09	08 - 17	08 - 21	09 - 05
2010	DXFSY01	红花鹿蹄草	04 - 11	07 - 01	07 - 28	08 - 25	10 - 05
2010	DXFSY02	野豌豆	05 - 13	06 - 15	07 - 25	09 - 10	10 - 08
2010	DXFSY03	大叶章	05 - 11	08 - 01	08 - 01	08 - 28	10 - 25
2010	DXFSY04	茜草	04 - 25	08 - 20	10 - 02	10 - 15	10 - 28
2010	DXFSY05	铃兰	04 - 23	05 - 25	07 - 30	09 - 25	10 - 12
2010	DXFSY06	薹草	04 - 25	05 - 09	08 - 15	08 - 27	09 - 05
2011	DXFSY01	红花鹿蹄草	04 - 14	07 - 05	07 - 24	08 - 22	10 - 02
2011	DXFSY02	野豌豆	05 - 12	06 - 18	07 - 24	09 - 17	10 - 15
2011	DXFSY03	大叶章	05 - 08	08 - 11	08 - 08	08 - 23	10 - 29
2011	DXFSY04	茜草	05 - 19	08 - 26	10 - 09	10 - 20	10 - 28
2011	DXFSY05	铃兰	04 - 29	06 - 01	08 - 02	09 - 29	10 - 12
2011	DXFSY06	薹草	04 - 24	05 - 12	08 - 20	08 - 27	09 - 10
2012	DXFSY01	红花鹿蹄草	04 - 14	07 - 06	07 - 29	09 - 02	10 - 10
2012	DXFSY02	野豌豆	05 - 16	06 - 18	07 - 28	09 - 10	10 - 15
2012	DXFSY03	大叶章	05 - 15	08 - 04	08 - 03	08 - 29	10 - 25
2012	DXFSY04	茜草	04 - 27	08 - 20	10 - 04	10 - 19	10 - 29
2012	DXFSY05	铃兰	04 - 23	05 - 25	07 - 30	09 - 25	10 - 12
2012	DXFSY06	薹草	04 - 26	05 - 11	08 - 18	08 - 29	09 - 11
2013	DXFSY01	红花鹿蹄草	04 - 07	07 - 06	07 - 29	08 - 24	10 - 13
2013	DXFSY02	野豌豆	05 - 10	06 - 19	07 - 27	09 - 13	10 - 15

（续）

年份	样地代码	植物名称	萌动期（返青期）（月-日）	开花期（月-日）	果实或种子成熟期（月-日）	种子散布期（月-日）	黄枯期（月-日）
2013	DXFSY03	大叶章	05-03	08-14	08-02	08-25	10-29
2013	DXFSY04	茜草	05-12	08-20	10-03	10-16	10-30
2013	DXFSY05	铃兰	04-27	05-27	08-03	09-28	10-16
2013	DXFSY06	薹草	04-28	05-14	08-19	08-28	09-09
2014	DXFSY01	红花鹿蹄草	04-11	07-06	07-28	08-29	10-12
2014	DXFSY02	野豌豆	05-14	06-19	07-25	09-17	10-13
2014	DXFSY03	大叶章	05-18	08-11	08-06	09-23	10-12
2014	DXFSY04	茜草	04-25	08-20	10-02	10-15	10-28
2014	DXFSY05	铃兰	04-26	05-28	08-03	09-27	10-12
2014	DXFSY06	薹草	04-29	05-15	08-19	08-27	09-16
2015	DXFSY01	红花鹿蹄草	04-09	07-13	07-28	08-26	10-18
2015	DXFSY02	野豌豆	05-10	06-19	07-29	09-14	10-17
2015	DXFSY03	大叶章	05-11	08-04	08-28	10-30	
2015	DXFSY04	茜草	05-21	08-20	10-03	10-16	10-30
2015	DXFSY05	铃兰	04-27	05-29	07-30	09-25	10-12
2015	DXFSY06	薹草	04-24	05-19	08-17	08-21	09-15

表 3-20 中为 2009—2015 年乔木、灌木植物物候观测数据。

表 3-20　2009—2015 年乔木、灌木植物物候

年份	样地代码	植物名称	出芽期（月-日）	展叶期（月-日）	首花期（月-日）	盛花期（月-日）	果实或种子成熟期（月-日）	叶秋季变色期（月-日）	落叶期（月-日）
2009	DXFSY01	白桦	04-04	05-17	03-29	04-10	07-26	08-17	09-03
2009	DXFSY02	兴安落叶松	04-30	05-22	05-12	05-30	09-25	09-04	09-13
2009	DXFSY03	杜香	05-23	06-06	06-19	06-25	09-23	09-05	09-25
2009	DXFSY04	忍冬	05-17	05-23	05-28	06-08	07-20	09-05	09-27
2009	DXFSY05	笃斯越橘	05-09	05-22	04-27	06-10	06-26	09-11	09-17
2009	DXFSY06	杜鹃	03-31	04-13	05-10	05-27	07-13	08-22	09-21
2010	DXFSY01	白桦	04-17	05-25	03-31	04-09	07-22	08-30	09-19
2010	DXFSY02	兴安落叶松	05-12	05-19	05-09	05-27	09-24	08-25	09-22
2010	DXFSY03	越橘	04-25	05-26	06-14	06-30	08-02	08-28	09-10
2010	DXFSY04	沼柳	05-09	05-23	04-11	04-24	06-17	08-19	09-15
2010	DXFSY05	杜香	05-09	05-17	05-29	06-23	09-01	08-20	09-02
2010	DXFSY06	忍冬	05-12	05-23	05-30	06-05	07-01	08-21	09-10
2010	DXFSY01	笃斯越橘	05-05	05-17	04-21	05-15	06-20	09-01	09-19
2010	DXFSY02	杜鹃	03-29	04-11	05-17	05-25	07-23	08-22	09-19
2011	DXFSY03	白桦	05-20	05-28	04-02	04-12	07-21	08-25	09-06
2011	DXFSY04	兴安落叶松	04-10	05-12	05-10	05-20	09-27	08-21	09-08

（续）

年份	样地代码	植物名称	出芽期 （月-日）	展叶期 （月-日）	首花期 （月-日）	盛花期 （月-日）	果实或种 子成熟期 （月-日）	叶秋季 变色期 （月-日）	落叶期 （月-日）
2011	DXFSY05	杜香	05 - 21	06 - 03	06 - 21	06 - 27	09 - 21	09 - 03	09 - 25
2011	DXFSY06	忍冬	05 - 12	05 - 20	05 - 30	06 - 05	07 - 18	09 - 02	09 - 24
2011	DXFSY06	杜鹃	03 - 30	04 - 12	05 - 10	05 - 27	07 - 12	08 - 22	09 - 19
2012	DXFSY01	白桦	04 - 19	05 - 22	04 - 01	04 - 15	07 - 24	08 - 31	09 - 16
2012	DXFSY02	兴安落叶松	05 - 09	05 - 17	05 - 14	05 - 31	09 - 26	08 - 22	09 - 23
2012	DXFSY03	越橘	04 - 27	05 - 29	06 - 17	07 - 01	08 - 02	08 - 29	09 - 10
2012	DXFSY04	沼柳	05 - 07	05 - 20	04 - 01	04 - 20	06 - 15	08 - 19	09 - 15
2012	DXFSY05	杜香	05 - 09	05 - 17	05 - 29	06 - 23	09 - 01	08 - 20	09 - 27
2012	DXFSY06	忍冬	05 - 12	05 - 20	05 - 30	06 - 05	07 - 18	08 - 21	09 - 10
2013	DXFSY01	白桦	04 - 19	05 - 22	03 - 29	04 - 11	07 - 19	08 - 31	09 - 16
2013	DXFSY02	兴安落叶松	05 - 09	05 - 17	05 - 14	06 - 01	09 - 24	08 - 22	09 - 23
2013	DXFSY03	越橘	04 - 24	05 - 22	06 - 11	06 - 28	08 - 01	08 - 30	09 - 04
2013	DXFSY04	沼柳	05 - 07	05 - 20	04 - 01	04 - 20	06 - 15	08 - 24	09 - 18
2013	DXFSY05	杜香	05 - 09	05 - 17	05 - 29	06 - 23	09 - 01	08 - 20	09 - 28
2013	DXFSY05	忍冬	05 - 12	05 - 20	05 - 30	06 - 05	07 - 01	08 - 21	09 - 10
2013	DXFSY06	笃斯越橘	05 - 05	05 - 17	04 - 21	05 - 15	06 - 20	09 - 01	09 - 19
2013	DXFSY06	杜鹃	03 - 29	04 - 11	05 - 17	05 - 25	07 - 24	08 - 22	09 - 19
2014	DXFSY01	白桦	05 - 20	05 - 28	03 - 31	04 - 08	07 - 23	08 - 25	09 - 06
2014	DXFSY02	兴安落叶松	04 - 10	05 - 12	05 - 03	05 - 20	09 - 20	08 - 21	09 - 08
2014	DXFSY03	杜香	05 - 21	06 - 03	06 - 21	06 - 27	09 - 21	09 - 03	09 - 27
2014	DXFSY04	忍冬	05 - 12	05 - 20	05 - 30	06 - 05	07 - 18	09 - 02	09 - 24
2014	DXFSY05	笃斯越橘	05 - 07	05 - 19	04 - 26	06 - 08	06 - 24	09 - 07	09 - 17
2014	DXFSY06	杜鹃	03 - 30	04 - 09	05 - 10	05 - 27	07 - 13	08 - 22	09 - 19
2015	DXFSY01	白桦	04 - 01	05 - 15	04 - 02	04 - 10	07 - 02	08 - 18	09 - 01
2015	DXFSY02	兴安落叶松	04 - 30	05 - 20	05 - 05	05 - 31	09 - 15	09 - 01	09 - 15
2015	DXFSY03	杜香	05 - 13	05 - 19	05 - 29	06 - 23	09 - 08	08 - 20	09 - 26
2015	DXFSY04	忍冬	05 - 15	05 - 20	05 - 30	06 - 10	07 - 03	08 - 25	09 - 10
2015	DXFSY05	笃斯越橘	05 - 07	05 - 21	04 - 25	05 - 15	06 - 24	09 - 05	09 - 21
2015	DXFSY06	杜鹃	03 - 31	04 - 10	05 - 20	05 - 27	07 - 21	08 - 22	09 - 19

3.1.7　各层优势植物和凋落物的元素含量

3.1.7.1　概述

　　本数据集包含大兴安岭生态站 2015 年一块固定观测样地生长季（7—8 月）的观测数据，各层优势植物包含植物名称和采样部位，元素含量包括全碳（g/kg）、全氮（g/kg）、全磷（g/kg）、全钾（g/kg）、全钙（g/kg）、全镁（g/kg）。数据采集地点：大兴安岭生态站兴安落叶松原始林固定样地 1（DXFSY01）。

3.1.7.2　数据采集及处理方法

根据该样地群落乔木层的优势种，在样地外选取同种但不同大小的植株个体5株。树干用凿子取样；树根用锄头挖开土面取出，样品取好后把土回填；树枝和叶的取样，在树冠的不同方向用高枝剪剪取叶相完整的成熟叶及其枝条；树皮采样，从树干的上、中、下各取一块。灌木整株挖出，按叶、枝、根采样。草本植物整株挖出，分种采样，按地上部、地下部取样。各器官的采样量为鲜重500 g左右，所有样品在75～80 ℃条件下烘干，磨碎制样，并编号，用封口袋装好，以便后续分析。

凋落物制样，将该样地烘干称量记录后的每框凋落物按各组分混合、磨碎，制样编号，装入封口袋以进行分析。

由于大兴安岭生态站的条件限制，预制的所有生物样品都送往第三方检测分析公司。检测结果由该公司出示加盖印章的检测报告。

3.1.7.3　数据质量控制和评估

采集作物分析样品时，严格按照观测规范要求，保证样品的代表性，完成规定的采样点数、样方重复数；室内分析时严格检查实验环境条件、仪器和各种实验耗材的性能和状态、试剂和药品纯度、分析人员的实验素质、所采取的分析方法等，同时详细记录室内分析方法以及每一个环节。

植物矿质元素与热值数据的审验，主要核实分析报告数据的合理性与完整性。主要审核测定出来的植物元素含量是否正常、各器官的元素含量是否符合常规情况，如发现可疑的数据一般需要重测，如果重测结果还是异常，则必须重新采样补测。严格避免原始数据录入报表过程产生的误差。

3.1.7.4　数据价值/数据使用方法和建议

优势植物营养元素的含量是反映植物是否正常生长以及整个群落元素总量的重要参数，也是衡量环境质量的重要指标。不同植物的不同器官中元素含量也存在很大差异，因此，有必要对植物体内的元素含量按器官分别测定。凋落物中的元素含量是决定凋落物质量的重要因素，它对凋落物的分解进程和速率有着显著的影响。

本数据集包含了大兴安岭兴安落叶松原始林优势物种和凋落物不同器官的元素含量等数据，通过对这些数据的分析，可以了解植物体内各种养分元素的积累和转化动态，从而研究、比较不同植物物种对各种养分的吸收利用及养分的新陈代谢规律，以及水分、土壤、气候等因素对植物生长的影响等。与土壤元素含量的观察相结合则可揭示不同生态系统的物质循环特点。

3.1.7.5　数据

具体数据见表 3-21。

表 3-21　2015 年优势植物元素含量

年份	样地代码	植物种名	采样部位	全碳 平均值(g/kg)	重复数(个)	标准差(g/kg)	全氮 平均值(g/kg)	重复数(个)	标准差(g/kg)	全磷 平均值(g/kg)	重复数(个)	标准差(g/kg)
2015	DXFSY01	兴安落叶松	凋落物	3.30	3	1.42	12.86	3	3.08	1.35	3	0.44
2015	DXFSY01	兴安落叶松	根	519.75	3	18.33	20.27	3	8.06	5.46	3	1.37
2015	DXFSY01	兴安落叶松	干	652.36	3	20.44	15.18	3	1.11	3.77	3	2.09
2015	DXFSY01	兴安落叶松	枝	825.85	3	33.32	19.20	3	2.99	6.18	3	0.61
2015	DXFSY01	兴安落叶松	叶	525.16	3	13.79	18.05	3	4.44	6.51	3	2.16
2015	DXFSY01	兴安落叶松	果	744.51	3	8.73	18.97	3	3.29	7.73	3	2.76
2015	DXFSY01	红花鹿蹄草	根	518.51	3	17.94	19.85	3	0.98	2.58	3	2.35
2015	DXFSY01	红花鹿蹄草	茎	474.10	3	5.03	16.76	3	4.16	5.37	3	1.02
2015	DXFSY01	红花鹿蹄草	叶	568.92	3	7.14	15.46	3	3.87	5.33	3	1.56

（续）

年份	样地代码	植物种名	采样部位	全碳			全氮			全磷		
				平均值 (g/kg)	重复数 (个)	标准差 (g/kg)	平均值 (g/kg)	重复数 (个)	标准差 (g/kg)	平均值 (g/kg)	重复数 (个)	标准差 (g/kg)
2015	DXFSY01	杜香	根	120.68	3	8.31	18.06	3	2.76	2.83	3	0.83
2015	DXFSY01	杜香	茎	522.79	3	11.84	19.25	3	3.29	5.76	3	1.20
2015	DXFSY01	杜香	叶	293.08	3	5.20	19.68	3	1.73	7.09	3	2.45

年份	样地代码	植物种名	采样部位	全钾			全钙			全镁		
				平均值 (g/kg)	重复数 (个)	标准差 (g/kg)	平均值 (g/kg)	重复数 (个)	标准差 (g/kg)	平均值 (g/kg)	重复数 (个)	标准差 (g/kg)
2015	DXFSY01	兴安落叶松	凋落物	10.3	3	3.67	—	—	—	—	—	—
2015	DXFSY01	兴安落叶松	根	3.8	3	0.86	0.519 75	3	0.004 25	0.024 1	3	0.001 37
2015	DXFSY01	兴安落叶松	干	1.98	3	0.81	0.652 36	3	0.001 17	0.027 1	3	0.000 26
2015	DXFSY01	兴安落叶松	枝	4.64	3	1.33	0.825 85	3	0.000 98	0.024 6	3	0.000 64
2015	DXFSY01	兴安落叶松	叶	13.38	3	1.47	0.525 16	3	0.001 49	0.026 55	3	0.001 05
2015	DXFSY01	兴安落叶松	果	35.14	3	4.16	0.744 51	3	0.001 19	0.025 55	3	0.001 09
2015	DXFSY01	红花鹿蹄草	根	5.64	3	1.02	0.518 51	3	0.001 07	0.025 3	3	0.001 35
2015	DXFSY01	红花鹿蹄草	茎	14.81	3	2.39	0.474 1	3	0.001 08	0.026 4	3	0.000 79
2015	DXFSY01	红花鹿蹄草	叶	9.54	3	1.08	0.568 92	3	0.001 36	0.025 4	3	0.001 27
2015	DXFSY01	杜香	根	7.81	3	1.2	0.120 68	3	0.001 15	0.024 6	3	0.000 3
2015	DXFSY01	杜香	茎	7.22	3	1.9	0.522 79	3	0.001 01	0.023 15	3	0.000 48
2015	DXFSY01	杜香	叶	9.72	3	3.33	0.293 08	3	0.001 01	0.027 1	3	0.000 51

3.2 土壤联网长期观测数据

3.2.1 土壤交换量

3.2.1.1 概述

土壤交换性能对植物营养和森林土壤养分管理具有重大意义，它能调节土壤溶液的浓度，保持土壤溶液成分的多样性，减少土壤中养分离子的淋失。本数据集是大兴安岭生态站 2013 年、2017 年观测的月尺度数据，观测频率为 5 年 1 次，具体指标包括土壤交换性阳离子（交换性钙离子、交换性镁离子、交换性钠离子等）。

3.2.1.2 数据采集及处理方法

在样地设置 3 个 1 m×1 m 的小样方并在每个样方中取土。采样时，除去枯枝落叶层，按先下后上的原则采取土样，以免混杂土壤。为克服层次间的过渡现象，采样时应在各层的中部采集，采样深度为 0~10 cm、>10~20 cm。将在同一层次多样方采集的重量大致相当的土样置于塑料布上，剔除石砾、植被残根等杂物，混匀后利用四分法将多余的土壤样品弃除，一般保留 1 kg 左右土样。

3.2.1.3 数据质量控制和评估

（1）样品布点及采样数量严格遵守《土壤环境监测技术规范》（HJ/T 166—2004）中关于采样的要求。

（2）将土壤样本送到实验室之后，要先进行制备，制备的过程参照《土壤元素的近代分析方法》以及相关国家标准的相关规定（迟伟伟等，2018）。

3.2.1.4　数据价值数据使用方法和建议

土壤交换性能是改良土壤和森林土壤养分的重要依据,数据包含了大兴安岭生态站兴安落叶松原始林的土壤交换性能数据,可为寒温带森林的土壤养分管理提供数据支持。但由于天气及机器故障维修等原因,数据集部分数据存在缺失,请在使用数据时仔细阅读,合理利用。

3.2.1.5　数据

森林土壤交换性阳离子数据获取方法见表 3-22,表 3-23、表 3-24 中为森林土壤交换性阳离子数据。

表 3-22　森林土壤交换性阳离子数据获取方法

序号	指标名称	单位	数据获取方法
1	交换性钙离子	mmol/kg（1/2 Ca^{2+}）	乙酸铵交换法
2	交换性镁离子	mmol/kg（1/2 Mg^{2+}）	乙酸铵交换法
3	交换性钠离子	mmol/kg（Na$^+$）	乙酸铵交换法
4	交换性铝离子	mmol/kg（1/3 Al^{3+}）	氯化钾交换-中和滴定法
5	交换性氢	mmol/kg（H$^+$）	氯化钾交换-中和滴定法
6	交换性总酸量	mmol/kg（+）	氯化钾交换-中和滴定法

表 3-23　森林土壤交换性阳离子数据（一）

时间（年-月）	样地代码	观测层次（cm）	交换性钙离子			交换性镁离子			交换性钠离子		
			平均值 [mmol/kg (1/2 Ca^{2+})]	重复数（个）	标准差 [mmol/kg (1/2 Ca^{2+})]	平均值 [mmol/kg (1/2 Mg^{2+})]	重复数（个）	标准差 [mmol/kg (1/2 Mg^{2+})]	平均值 [mmol/kg (Na$^+$)]	重复数（个）	标准差 [mmol/kg (Na$^+$)]
2013-06	DXFSY01	0～10	100.0	3	8.9	16.9	3	0.1	1.54	3	1.01
2013-06	DXFSY01	>10～20	390.0	3	37.5	18.7	3	1.6	0.55	3	0.04
2017-07	DXFSY01	0～10	234.0	3	20.8	17.5	3	0.7	1.33	3	0.89
2017-07	DXFSY01	>10～20	220.7	3	21.2	18.4	3	2.0	0.69	3	0.18

表 3-24　森林土壤交换性阳离子数据（二）

时间（年-月）	样地代码	观测层次（cm）	交换性铝离子			交换性氢			交换性总酸量		
			平均值 [mmol/kg (1/3 Al^{3+})]	重复数（个）	标准差 [mmol/kg (1/3 Al^{3+})]	平均值 [mmol/kg (H$^+$)]	重复数（个）	标准差 [mmol/kg (H$^+$)]	平均值 [mmol/kg (+)]	重复数（个）	标准差 [mmol/kg (+)]
2013-06	DXFSY01	0～10	1.39	3	0.68	225.84	3	32.34	335.40	3	91.67
2013-06	DXFSY01	>10～20	0.52	3	0.06	66.26	3	7.81	165.53	3	88.02
2017-07	DXFSY01	0～10	0.98	3	0.20	285.83	3	92.34	346.67	3	94.75
2017-07	DXFSY01	>10～20	0.77	3	0.15	64.17	3	5.77	155.00	3	82.42

3.2.2 土壤养分

3.2.2.1 概述

本数据集包括 2013 年和 2017 年一块月尺度监测样地的土壤养分数据，包括土壤有机质、全氮、全磷、全钾等 4 项指标。

3.2.2.2 数据采集及处理方法

大兴安岭森林生态站在每年生长季 6—7 月进行采样，采集此观测场 0～10 cm、>10～20 cm 2 个层次的土壤样品，每层由在 6 个剖面采集的样品混合而成（约 1 kg），将取回的土样置于干净的瓷盘中风干，挑除根系和石子，用四分法取适量碾磨后，过 2 mm 筛，测定过筛后的样品。土壤有机质采用重铬酸钾氧化法测量，全氮采用半微量凯式法测量，全磷采用氢氧化钠碱熔-钼锑抗比色法测量，全钾采用氢氧化钠碱熔-火焰光度法测量。

3.2.2.3 数据质量控制和评估

（1）测定时插入国家标准样品质控。

（2）分析时测定 3 次平行样品。

（3）利用校验软件检查每个监测数据是否超出相同土壤类型和采样深度的历史数据阈值范围，该观测场监测项目均值是否超出该样地相同深度历史数据均值的 2 倍标准差，该观测场监测项目标准差是否超出该样地相同深度历史数据的 2 倍标准差或者样地空间变异调查的 2 倍标准差等。核实或再次测定超出范围的数据。

3.2.2.4 数据价值/数据使用方法和建议

土壤有机质不仅能保持土壤肥力、改善土壤结构、提高土壤缓冲性，而且在全球碳循环中都发挥着至关重要的作用；氮、磷、钾是植物需要量和收获时带走量较多的营养元素，他们在土壤肥力中起着关键作用。可为寒温带森林土壤肥力演变和优化管理措施提供数据支持。

3.2.2.5 数据

森林土壤养分含量数据获取方法见表 3-25，表 3-26、表 3-27、表 3-28 中为森林土壤养分含量数据。

表 3-25　森林土壤养分含量数据获取方法

序号	指标名称	单位	数据获取方法
1	土壤有机质	g/kg	重铬酸钾氧化法
2	全氮	g/kg	半微量凯式法
3	全磷	g/kg	氢氧化钠碱熔-钼锑抗比色法
4	全钾	g/kg	氢氧化钠碱熔-火焰光度法
5	碱解氮	mg/kg	碱解扩散法
6	有效磷	mg/kg	碳酸氢钠浸提-钼锑抗比色法
7	速效钾	mg/kg	乙酸铵浸提-火焰光度法
8	缓效钾	mg/kg	硝酸浸提-火焰光度法
9	水溶液提取 pH	—	电位法
10	KCl 提取 pH	—	电位法

表 3-26　森林土壤养分含量数据（一）

时间（年-月）	样地代码	观测层次（cm）	土壤有机质			全氮			全磷			全钾		
			平均值（g/kg）	重复数（个）	标准差（g/kg）	平均值（g/kg）	重复数（个）	标准差（g/kg）	平均值（g/kg）	重复数（个）	标准差（g/kg）	平均值（g/kg）	重复数（个）	标准差（g/kg）
2013-06	DXFSY01	0～10	311.3	3	400.3	14.66	3	15.89	1.030	3	0.474	21.9	3	13.3

（续）

时间 （年-月）	样地代码	观测层次 （cm）	土壤有机质			全氮			全磷			全钾		
			平均值 （g/kg）	重复数 （个）	标准差 （g/kg）	平均值 （g/kg）	重复数 （个）	标准差 （g/kg）	平均值 （g/kg）	重复数 （个）	标准差 （g/kg）	平均值 （g/kg）	重复数 （个）	标准差 （g/kg）
2013 - 06	DXFSY01	>10～20	129.8	3	176.2	7.68	3	7.29	1.460	3	0.812	21.8	3	13.8
2017 - 07	DXFSY01	0～10	214.7	3	303.7	5.62	3	6.85	0.562	3	0.006	12.3	3	3.8
2017 - 07	DXFSY01	>10～20	284.0	3	330.4	6.59	3	6.20	0.659	3	0.011	12.8	3	4.9

表 3 - 27　森林土壤养分含量数据（二）

时间 （年-月）	样地代码	观测层次 （cm）	碱解氮			有效磷			速效钾		
			平均值 （mg/kg）	重复数 （个）	标准差 （mg/kg）	平均值 （mg/kg）	重复数 （个）	标准差 （mg/kg）	平均值 （mg/kg）	重复数 （个）	标准差 （mg/kg）
2013 - 06	DXFSY01	0～10	152.3	3	144.9	37.8	3	1.3	192.9	3	185.5
2013 - 06	DXFSY01	>10～20	89.4	3	61.5	18.6	3	10.6	166.2	3	138.3
2017 - 07	DXFSY01	0～10	157.3	3	149.9	95.5	3	42.5	157.3	3	149.9
2017 - 07	DXFSY01	>10～20	177.3	3	149.3	58.2	3	11.3	177.3	3	149.3

表 3 - 28　森林土壤养分含量数据（三）

时间 （年-月）	样地代码	观测层次 （cm）	缓效钾			水溶液提取 pH			KCl 提取 pH		
			平均值 （mg/kg）	重复数 （个）	标准差 （mg/kg）	平均值	重复数 （个）	标准差	平均值	重复数 （个）	标准差
2013 - 06	DXFSY01	0～10	65	3	38	6.38	3	1.44	5.38	3	0.91
2013 - 06	DXFSY01	>10～20	119	3	17	6.56	3	1.58	5.56	3	1.45
2017 - 07	DXFSY01	0～10	40	3	13	5.42	3	0.48	4.62	3	0.15
2017 - 07	DXFSY01	>10～20	120	3	18	5.43	3	0.45	4.50	3	0.39

3.2.3　土壤速效微量元素

3.2.3.1　概述

本数据集包括 2013 年和 2017 年一块月尺度监测样地的土壤速效微量元素含量数据，包括有效铁、有效铜、有效钼、有效锰、有效锌 5 项指标。

3.2.3.2　数据采集及处理方法

大兴安岭生态站在每年生长季 6—7 月采样，采集该观测场 0～10 cm 和 0～20 cm 土壤样品，每个重复由 9 个按 S 形采样方式采集的样品混合而成（约 1 kg），将取回的土样置于干净的瓷盘中风干，挑除根系和石子，用四分法取适量碾磨后，过 2 mm 筛，测定过筛后样品。有效铁采用 DTPA 浸提-原子吸收分光光度法测量，有效铜采用 DTPA 浸提法测量，有效钼采用 ICP - MS 法测量，有效锰采用 DTPA 浸提（石灰性土壤）- ICP - AES 法测量，有效锌采用二硫腙比色法测量。

3.2.3.3　数据质量控制和评估

（1）测定时插入国家标准样品质控。

（2）分析时测定 3 次平行样品。

（3）利用校验软件检查每个监测数据是否超出相同土壤类型和采样深度的历史数据阈值范围，该观测场监测项目均值是否超出该样地相同深度历史数据均值的 2 倍标准差，该观测场监测项目标准差是否超出该样地相同深度历史数据的 2 倍标准差或者样地空间变异调查的 2 倍标准差等。核实或再次测定超出范围的数据。

3.2.3.4　数据价值/数据使用方法和建议

土壤速效微量元素虽然是植物生长需求很少的元素，但是对植物的生长至关重要，可为寒温带森林健康和优化管理措施提供数据支持。

3.2.3.5　数据

森林土壤速效微量元素数据获取方法见表3-29，表3-30、表3-31中为森林土壤速效微量元素数据。

表3-29　森林土壤速效微量元素数据获取方法

序号	指标名称	单位	数据获取方法
1	有效铁	mg/kg	DTPA浸提-原子吸收分光光度法
2	有效铜	mg/kg	DTPA浸提
3	有效钼	mg/kg	ICP-MS
4	有效锰	mg/kg	DTPA浸提（石灰性土壤）-ICP-AES法
5	有效锌	mg/kg	二硫腙比色法

表3-30　森林土壤速效微量元素数据（一）

时间 （年-月）	样地代码	观测层次 （cm）	有效铁			有效铜			有效钼		
			平均值 （mg/kg）	重复数 （个）	标准差 （mg/kg）	平均值 （mg/kg）	重复数 （个）	标准差 （mg/kg）	平均值 （mg/kg）	重复数 （个）	标准差 （mg/kg）
2013-06	DXFSY01	0~10	668.9	3	162.1	2.69	3	0.67	0.034	3	0.027
2013-06	DXFSY01	>10~20	438.8	3	136.3	1.09	3	0.49	0.032	3	0.025
2017-07	DXFSY01	0~10	753.8	3	185.8	2.98	3	0.71	0.041	3	0.034
2017-07	DXFSY01	>10~20	328.1	3	98.0	0.98	3	0.46	0.047	3	0.031

表3-31　森林土壤速效微量元素数据（二）

时间 （年-月）	样地代码	观测层次 （cm）	有效锰			有效锌		
			平均值 （mg/kg）	重复数 （个）	标准差 （mg/kg）	平均值 （mg/kg）	重复数 （个）	标准差 （mg/kg）
2013-06	DXFSY01	0~10	74.27	3	12.33	9.72	3	5.04
2013-06	DXFSY01	10~20	16.80	3	5.39	1.22	3	1.33
2017-07	DXFSY01	0~10	83.31	3	12.68	10.57	3	5.52
2017-07	DXFSY01	10~20	8.66	3	3.75	0.89	3	0.61

3.2.4　土壤机械组成

3.2.4.1　概述

本数据集包括大兴安岭生态站一块年监测样地2013年和2017年剖面（0~10 cm、>10~20 cm、>20~30 cm、>30~40 cm、>40~60 cm）土壤的机械组成。

3.2.4.2　数据采集及处理方法

在生长季，挖取长1.5 m、宽1.0 m、深1.2 m的土壤剖面，观察面向阳，挖出的土壤按不同层次分开放置，用木制土铲铲除观察面表层与铁锹接触的土壤，自下向上采集各层土样，每层约1.5 kg，装入棉质土袋中，最后将挖出土壤按层回填。将取回的土样置于干净的瓷盘上风干，挑除根系和石子，用四分法取适量碾磨后，过 2 mm 尼龙筛，装入广口瓶备用。机械组成分析方法为吸管法。

3.2.4.3　数据质量控制和评估

（1）分析时测定 3 次平行样品。

（2）测定时保证由同一个实验人员操作，避免人为因素导致的结果差异。

（3）由于土壤机械组成较为稳定，台站区域内的土壤机械组成基本一致，通过对比测定结果与站内其他样地的历史机械组成结果，观察数据是否存在异常，如果同一层土壤质地划分与历史数据存在差异，则核实或再次测定数据。

3.2.4.4　数据价值/数据使用方法和建议

土壤机械组成不仅是土壤分类的重要诊断指标，还是影响土壤水、肥、气、热状况，物质迁移转化及土壤退化过程研究的重要因素。兴安落叶松原始林至 60 cm 为砾石层，故只能采集到 60 cm 深度的土壤样品。

3.2.4.5　数据

表 3-32 中为森林土壤剖面机械组成数据。

表 3-32　森林土壤剖面机械组成数据

时间（年-月）	样地代码	观测层次（cm）	小于 0.002 mm 黏粒（%）	0.002～0.05 mm 粉粒（%）	0.05～2 mm 沙粒（%）	重复数（个）	土壤质地名称
2013-06	DXFSY01	0～10	16.42	38.8	45.73	3	壤土
2013-06	DXFSY01	>10～20	19.86	42.92	36.97	3	壤土
2013-06	DXFSY01	>20～30	30.45	30.71	24.34	3	壤土
2013-06	DXFSY01	>30～40	43.54	33.55	18.65	3	壤土
2013-06	DXFSY01	>40～60	43.14	32.38	22.88	3	壤土
2017-07	DXFSY01	0～10	15.70	37.68	46.62	3	壤土
2017-07	DXFSY01	>10～20	17.65	45.00	37.35	3	壤土
2017-07	DXFSY01	>20～30	31.11	31.01	27.74	3	壤土
2017-07	DXFSY01	>30～40	43.88	34.28	18.30	3	壤土
2017-07	DXFSY01	>40～60	43.07	31.15	23.95	3	壤土

3.2.5　土壤容重

3.2.5.1　概述

本数据集包括大兴安岭生态站一块年监测样地 2013 年和 2017 年剖面土壤的容重数据。

3.2.5.2　数据采集及处理方法

大兴安岭生态站每隔 3 年测定 1 次剖面土壤容重（g/cm³），在生长季 6—7 月采样，共采集 6 个剖面的样品混合（约 1 kg），将取回的土样置于干净的瓷盘中风干，挑除根系和石子，用四分法取适量碾磨后，过 2 mm 筛，测定过筛后的样品。

3.2.5.3　数据质量控制和评估

（1）环刀样品采集由同一个实验人员完成，避免人为因素导致的结果差异。

（2）由于土壤容重较为稳定，台站区域内的土壤容重基本一致，通过对比测定结果与站内其他样地的历史土壤容重结果，观察数据是否存在异常，如果同一层土壤容重与历史数据存在差异，则核实或再次测定数据。

3.2.5.4　数据价值/数据使用方法和建议

土壤容重的大小与土壤质地、结构、有机质含量、土壤紧实度、耕作措施等密切相关。

3.2.5.5　数据

表 3-33 中为森林土壤容重数据。

表 3-33　森林土壤容重数据

时间（年-月）	样地代码	观测层次（cm）	容重（g/cm³）
2013-06	DXFSY01	0～10	1.07
2013-06	DXFSY01	>10～20	1.12
2017-07	DXFSY01	0～10	1.05
2017-07	DXFSY01	>10～20	1.19

3.2.6　土壤矿质全量

3.2.6.1　概述

本数据集为一块年监测样地的土壤矿质全量数据，包括 SiO_2、Fe_2O_3、MnO、TiO_2、Al_2O_3、CaO、MgO、K_2O、Na_2O、P_2O_5 共 10 项指标的数据。

3.2.6.2　数据采集及处理方法

大兴安岭生态站每隔 3 年测定一次土壤矿质全量，在生长季 6—7 月采样，采集各观测场 0～10 cm、>10～20 cm 共 2 个层次的土壤样品，每层样品由在 6 个剖面采集的样品混合而成（约 1 kg），将取回的土样置于干净的瓷盘中风干，挑除根系和石子，用四分法取适量碾磨后，过 2 mm 筛，测定过筛后的样品。SiO_2、Fe_2O_3、MnO、TiO_2、Al_2O_3、CaO、MgO、K_2O、Na_2O、P_2O_5 采用偏硼酸锂熔融-ICP-AES 法测定。

3.2.6.3　数据质量控制和评估

（1）测定时插入国家标准样品质控。

（2）分析时测定 3 次平行样品。

（3）利用校验软件检查每个监测数据是否超出相同土壤类型和采样深度的历史数据阈值范围，该观测场监测项目均值是否超出该样地相同深度历史数据均值的 2 倍标准差，该观测场监测项目标准差是否超出该样地相同深度历史数据的 2 倍标准差或者样地空间变异调查的 2 倍标准差等。核实或再次测定超出范围的数据。

3.2.6.4　数据价值/数据使用方法和建议

土壤矿质全量是指土壤原生矿物和次生矿物的化学组成，土壤矿物质的组成结构和性质对土壤物理性质（结构性、水分性质、通气性、热性质、力学性质）、化学性质（吸附性能、酸碱性、氧化还原电位、缓冲作用）以及生物化学性质（土壤微生物、生物多样性、酶活性等）均有深刻影响。该数据反映了寒温带森林土壤基质矿质组成和演替过程。

3.2.6.5　数据

森林土壤矿质全量数据获取方法见表 3-34，表 3-35、表 3-36、表 3-37 中为森林土壤矿质全量数据。

表 3-34　森林土壤矿质全量数据获取方法

序号	指标名称	单位	数据获取方法
1	硅	%	偏硼酸锂熔融-ICP-AES

（续）

序号	指标名称	单位	数据获取方法
2	铁	%	偏硼酸锂熔融- ICP - AES
3	锰	%	偏硼酸锂熔融- ICP - AES
4	钛	%	偏硼酸锂熔融- ICP - AES
5	铝	%	偏硼酸锂熔融- ICP - AES
6	钙	%	偏硼酸锂熔融- ICP - AES
7	镁	%	偏硼酸锂熔融- ICP - AES
8	钾	%	偏硼酸锂熔融- ICP - AES
9	钠	%	偏硼酸锂熔融- ICP - AES
10	磷	%	偏硼酸锂熔融- ICP - AES

表 3 - 35　森林土壤矿质全量数据（一）

时间 （年-月）	样地代码	观测层次 （cm）	硅（SiO_2）平均值（%）	硅 重复数（个）	硅 标准差（%）	铁（Fe_2O_3）平均值（%）	铁 重复数（个）	铁 标准差（%）	锰（MnO）平均值（%）	锰 重复数（个）	锰 标准差（%）	钛（TiO_2）平均值（%）	钛 重复数（个）	钛 标准差（%）
2013 - 06	DXFSY01	0~10	0.019 5	3	0.000 9	17.84	3	0.27	0.356	3	0.008	1.814	3	0.037
2013 - 06	DXFSY01	>10~20	0.018 0	3	0.002 0	31.44	3	0.34	0.881	3	0.019	3.306	3	0.054
2017 - 07	DXFSY01	0~10	0.016 7	3	0.000 7	16.59	3	0.22	0.371	3	0.007	1.677	3	0.035
2017 - 07	DXFSY01	>10~20	0.010 0	3	0.002 1	35.00	3	0.37	0.929	3	0.020	3.355	3	0.056

表 3 - 36　森林土壤矿质全量数据（二）

时间 （年-月）	样地代码	观测层次 （cm）	铝（Al_2O_3）平均值（%）	铝 重复数（个）	铝 标准差（%）	钙（CaO）平均值（%）	钙 重复数（个）	钙 标准差（%）	镁（MgO）平均值（%）	镁 重复数（个）	镁 标准差（%）
2013 - 06	DXFSY01	0~10	50.487	3	0.635	16.717	3	0.082	5.243	3	0.060
2013 - 06	DXFSY01	>10~20	94.718	3	3.421	15.577	3	0.112	7.924	3	0.139
2017 - 07	DXFSY01	0~10	49.392	3	0.580	17.469	3	0.065	5.058	3	0.058
2017 - 07	DXFSY01	>10~20	103.957	3	4.371	15.418	3	0.151	8.294	3	0.145

表 3 - 37　森林土壤矿质全量数据（三）

时间 （年-月）	样地代码	观测层次 （cm）	钾（K_2O）平均值（%）	钾 重复数（个）	钾 标准差（%）	钠（Na_2O）平均值（%）	钠 重复数（个）	钠 标准差（%）	磷（P_2O_5）平均值（%）	磷 重复数（个）	磷 标准差（%）
2013 - 06	DXFSY01	0~10	4.710	3	0.071	4.464	3	0.982	1.818	3	0.038
2013 - 06	DXFSY01	>10~20	8.109	3	0.062	6.363	3	1.485	1.484	3	0.016
2017 - 07	DXFSY01	0~10	4.251	3	0.074	3.821	3	0.080	2.132	3	0.014
2017 - 07	DXFSY01	>10~20	8.510	3	0.056	6.574	3	0.188	1.818	3	0.041

3.2.7　土壤重金属和微量元素

3.2.7.1　概述

本数据集包括 2013 年和 2017 年一块年监测样地的土壤重金属和微量元素组成的数据，包括钴、镉、铬、镍、汞、砷6项重金属和全硼、全钼、全锰、全锌、全铜、全铁6项微量元素。

3.2.7.2　数据采集及处理方法

大兴安岭生态站每间隔3年测定一次土壤重金属和微量元素组成，在生长季6—7月采样，采集各观测场剖面上0～10 cm、>10～20 cm 2个层次的土壤样品，每层共6个剖面，将挖出的土壤按不同层次分开放置，用木制土铲铲除观察面表层与铁锹接触的土壤，自下向上采集各层土样，每层约1.5 kg，装入棉质土袋中，最后将挖出的土壤按层回填。将取回的土样置于干净的瓷盘中风干，挑除根系和石子，用四分法取适量碾磨后，过2 mm尼龙筛，装入广口瓶备用。

3.2.7.3　数据质量控制和评估

（1）测定时插入国家标准样品质控。

（2）分析时测定3次平行样品。

（3）利用校验软件检查每个监测数据是否超出相同土壤类型和采样深度的历史数据阈值范围，该观测场监测项目均值是否超出该样地相同深度历史数据均值的2倍标准差，该观测场监测项目标准差是否超出该样地相同深度历史数据的2倍标准差或者样地空间变异调查的2倍标准差等。核实或再次测定超出范围的数据。

3.2.7.4　数据价值/数据使用方法和建议

土壤重金属含量是土壤重要的环境要素，大兴安岭森林土壤重金属反映了大兴安岭地区不同植被下土壤重金属的背景值；而土壤微量元素是土壤中含量很低的化学元素，与大量元素相对应，是植物生长和生活必需的元素。

3.2.7.5　数据

森林土壤重金属全量数据获取方法见表3-38，表3-39、表3-40中为森林土壤重金属全量数据。

表3-38　森林土壤重金属全量数据获取方法

序号	指标名称	单位	数据获取方法
1	钴	mg/kg	盐酸-硝酸-氢氟酸-高氯酸消煮- ICP - AES 法
2	镉	mg/kg	盐酸-硝酸-氢氟酸-高氯酸消煮- ICP - AES 法
3	铬	mg/kg	盐酸-硝酸-氢氟酸-高氯酸消煮- ICP - AES 法
4	镍	mg/kg	盐酸-硝酸-氢氟酸-高氯酸消煮- ICP - AES 法
5	汞	mg/kg	硫酸-硝酸-高锰酸钾消解-冷原子法
6	砷	mg/kg	二乙基二硫代氨基甲酸银分光光度法

表3-39　森林土壤重金属全量数据（一）

时间 （年-月）	样地代码	观测层次 （cm）	钴			镉			铬		
			平均值 （mg/kg）	重复数 （个）	标准差 （mg/kg）	平均值 （mg/kg）	重复数 （个）	标准差 （mg/kg）	平均值 （mg/kg）	重复数 （个）	标准差 （mg/kg）
2013 - 06	DXFSY01	0～10	7.83	3	1.35	1.521	3	0.134	38.6	3	4.639
2013 - 06	DXFSY01	>10～20	13.62	3	2.04	2.426	3	0.613	55.6	3	6.716
2017 - 07	DXFSY01	0～10	6.36	3	1.23	1.321	3	0.146	31.4	3	3.676
2017 - 07	DXFSY01	>10～20	14.43	3	2.10	2.569	3	0.691	58.7	3	8.700

表 3-40 森林土壤重金属全量数据（二）

时间 （年-月）	样地代码	观测层次 （cm）	镍			汞			砷		
			平均值 （mg/kg）	重复数 （个）	标准差 （mg/kg）	平均值 （mg/kg）	重复数 （个）	标准差 （mg/kg）	平均值 （mg/kg）	重复数 （个）	标准差 （mg/kg）
2013-06	DXFSY01	0～10	10.0	3	1.2	4.24	3	1.14	3.80	3	2.75
2013-06	DXFSY01	>10～20	17.6	3	0.7	6.19	3	1.51	8.07	3	1.53
2017-07	DXFSY01	0～10	9.4	3	1.3	4.35	3	0.99	3.53	3	2.87
2017-07	DXFSY01	>10～20	18.5	3	0.8	6.68	3	1.99	8.30	3	1.40

森林土壤微量元素获取方法见表 3-41，表 3-42、表 3-43 中为森林土壤微量元素数据。

表 3-41 森林土壤微量元素数据获取方法

序号	指标名称	单位	数据获取方法
1	全硼	mg/kg	碳酸钠熔融-姜黄素比色法
2	全钼	mg/kg	硝酸-高氯酸消煮-石墨炉原子吸收光谱法
3	全锰	mg/kg	盐酸-氢氟酸-高氯酸-硝酸消煮-ICP-AES
4	全锌	mg/kg	盐酸-硝酸-氢氟酸-高氯酸消煮-ICP-AES 法
5	全铜	mg/kg	氢氟酸-硝酸-高氯酸消煮-ICP-AES 法
6	全铁	mg/kg	氢氟酸-高氯酸-硝酸消煮-原子吸收分光谱法

表 3-42 森林土壤微量元素数据（一）

时间 （年-月）	样地代码	观测层次 （cm）	全硼			全钼			全锰		
			平均值 （mg/kg）	重复数 （个）	标准差 （mg/kg）	平均值 （mg/kg）	重复数 （个）	标准差 （mg/kg）	平均值 （mg/kg）	重复数 （个）	标准差 （mg/kg）
2013-06	DXFSY01	0～10	32.438	3	5.66	0.97	3	1.09	330.03	3	76.46
2013-06	DXFSY01	>10～20	62.127	3	3.42	1.17	3	1.32	475.58	3	142.05
2017-07	DXFSY01	0～10	29.621	3	5.38	0.94	3	1.02	287.71	3	57.81
2017-07	DXFSY01	>10～20	70.259	3	4.21	1.28	3	1.37	719.77	3	157.86

表 3-43 森林土壤微量元素数据（二）

时间 （年-月）	样地代码	观测层次 （cm）	全锌			全铜			全铁		
			平均值 （mg/kg）	重复数 （个）	标准差 （mg/kg）	平均值 （mg/kg）	重复数 （个）	标准差 （mg/kg）	平均值 （mg/kg）	重复数 （个）	标准差 （mg/kg）
2013-06	DXFSY01	0～10	103.36	3	6.45	19.24	3	1.25	11 721.09	3	1 610.24
2013-06	DXFSY01	>10～20	112.85	3	1.82	15.14	3	0.99	21 061.97	3	2 532.86
2017-07	DXFSY01	0～10	44.97	3	1.30	10.27	3	1.32	11 615.94	3	1 570.68
2017-07	DXFSY01	>10～20	74.36	3	7.21	22.12	3	0.80	24 497.28	3	2 607.46

3.3 水分联网长期观测数据

3.3.1 土壤含水量观测数据

3.3.1.1 概述

土壤含水量的监测是森林生态系统定位研究的重要内容之一，在研究森林水分循环过程、评估森林生态系统水源涵养功能及土壤含水量对森林生态系统的影响等方面发挥着重要作用。大兴安岭生态站所处地区属于寒温带高纬度针叶林，该地区不同植被类型的长期土壤含水量可以反映不同类型土壤含水量的动态变化趋势。本数据集为监测站点2009—2015年观测的月尺度数据，观测样地包括大兴安岭生态站兴安落叶松原始林固定样地1（DXFSY01）（121°30′8.160″E，50°56′15.720″N，海拔810~1 160 m）、大兴安岭生态站10 m自动气象观测站（DXFZH07）（121°30′38.880″E，50°56′22.920″N，海拔815 m）。

3.3.1.2 数据采集及处理方法

土壤体积含水量为仪器测定，土壤质量含水量数据来源于样地采样调查。

3.3.1.3 数据质量控制和评估

（1）数据来源于仪器观测的数据，会定期针对观测仪器和数据采集器进行维修与校正。通过网络实时传输获取的数据。

（2）在外业调查前会制定严谨的实施方案，使用仪器采取统一标准，数据录入时多人输入，以确保输入数据的准确性。

（3）在专业实验室严格按照国家制定行业标准进行化验。

3.3.1.4 数据价值/数据使用方法和建议

大兴安岭林区地处"东北亚"环境敏感区的寒温带地区，分析其土壤含水量观测数据，可以了解寒温带森林生态系统不同植被类型中不同深度土壤水分的动态变化规律。且大兴安岭林区冬季积雪时间长达220 d左右，年平均降水量仅350~400 mm，春季有时还会发生春旱，这样的降水量对兴安落叶松林的生长已接近极端，在限制性自然条件中，特殊冻土生态环境的土壤水分状况已成为兴安落叶松林形成、生长及生产力的限制因子（尤鑫，2006）。因此，土壤含水量数据对该地区水分深入具有重要的现实意义，也可为研究该地区水分方面的专著的编写提供素材及依据。

3.3.1.5 数据

表3-44、表3-45中为森林土壤含水量数据。

表3-44 森林土壤体积含水量数据

时间（年-月）	样地代码	植物名称	探测深度（cm）	体积含水量（%）	重复数（个）	标准差（%）
2009 - 07	DXFZH07	兴安落叶松	5	25.1	31	2.28
2009 - 08	DXFZH07	兴安落叶松	5	28.8	31	0.01
2009 - 09	DXFZH07	兴安落叶松	5	29.6	30	0.40
2010 - 07	DXFZH07	兴安落叶松	5	22.9	31	0.08
2010 - 08	DXFZH07	兴安落叶松	5	22.7	31	0.15
2010 - 09	DXFZH07	兴安落叶松	5	22.4	30	0.04
2011 - 07	DXFZH07	兴安落叶松	5	22.2	31	0.03
2011 - 08	DXFZH07	兴安落叶松	5	21.9	31	0.09
2011 - 09	DXFZH07	兴安落叶松	5	21.5	30	0.08
2012 - 07	DXFZH07	兴安落叶松	5	21.9	31	0.14
2012 - 08	DXFZH07	兴安落叶松	5	21.6	31	0.06
2012 - 09	DXFZH07	兴安落叶松	5	21.2	30	0.02
2013 - 07	DXFZH07	兴安落叶松	5	26.6	31	3.05
2013 - 08	DXFZH07	兴安落叶松	5	28.9	31	0.11
2013 - 09	DXFZH07	兴安落叶松	5	29.7	30	0.38
2014 - 07	DXFZH07	兴安落叶松	5	21.6	31	0.06

（续）

时间（年-月）	样地代码	植物名称	探测深度（cm）	体积含水量（%）	重复数（个）	标准差（%）
2014 - 08	DXFZH07	兴安落叶松	5	21.3	31	0.02
2014 - 09	DXFZH07	兴安落叶松	5	21.1	30	0.08
2015 - 07	DXFZH07	兴安落叶松	5	21.3	31	0.28
2015 - 08	DXFZH07	兴安落叶松	5	21.4	31	0.08
2015 - 09	DXFZH07	兴安落叶松	5	21.2	30	0.11

表 3 - 45　森林土壤质量含水量数据

时间（年-月）	样地代码	质量含水量（%）	时间（年-月）	样地代码	质量含水量（%）
2009 - 08	DXFSY01	26.7	2013 - 08	DXFSY01	26.9
2010 - 08	DXFSY01	20.5	2014 - 08	DXFSY01	19.2
2011 - 08	DXFSY01	19.8	2015 - 08	DXFSY01	18.7
2012 - 08	DXFSY01	19.5			

表 3 - 46 中为土壤水分常数数据。

表 3 - 46　土壤水分常数数据

时间（年-月）	样地代码	取样层次（cm）	土壤类型	土壤质地	土壤完全持水量（%）	土壤田间持水量（%）	土壤凋萎含水量（%）	土壤孔隙度（%）	土壤容重（g/cm³）
2013 - 06	DXFSY01	0~10	棕色针叶林土	壤土	48.97	11.36	2.50	24.82	1.07
2013 - 06	DXFSY01	>10~20	棕色针叶林土	壤土	37.88	1.91	1.93	5.64	1.12

3.3.2　土壤地表水、地下水水质状况

3.3.2.1　概述

　　水质长期观测是森林生态系统水分观测的重要内容之一，可以全面地反映生态系统中水质的动态变化及发展趋势。水质观测为整个森林生态系统水环境管理、维护水环境健康以及评价森林对水质的影响等方面提供了理论依据。大兴安岭森林生态系统水质观测数据集为 2009—2015 年的观测数据，观测频率每年 2 次（分别为 7 月和 9 月），包括雨水、泉水、流动水、静止水、林内地下水和林外地下水的水质观测数据。水质样品采集地为大兴安岭生态站水量平衡观测场和大兴安岭生态站潮查河采样点。

3.3.2.2　数据采集及处理方法

　　大兴安岭生态站水质观测样品（雨水、泉水、流动水、静止水、林内地下水和林外地下水）采集于 7 月和 9 月，之后用便携式水质分析仪（DR1900）测量 pH。其他水样采集后冷藏保存送往实验室测量总氮、总磷及钙、镁、钾、钠含量。

　　测量方法：

　　总氮：碱性过硫酸钾消解，紫外分光光度法测定（HJ 636—2012）。

　　总磷：过硫酸钾消解，钼酸铵分光光度法测定（GB/T 11893—1989）。

　　钾、钠、钙、镁：电感耦合等离子体发射光谱仪测定（HJ 776—2015）。

3.3.2.3　数据质量控制和评估

　　（1）数据采集和分析过程中的质量控制

　　采样过程中要确保水样质量，按规定的方法对样品妥善保存，分析过程中要采用可靠的分析方法

和技术。

（2）数据质量控制

录入数据之后，再次核对、整理和分析，避免录入过程出现错误。最后，将原始数据保存，统一编号，并在数据处理和上报完毕后归档保存。原始电子数据必须备份，并打印一份存档。

（3）数据质量综合评价

对已录入的数据，从数据的合理性、准确性、一致性、完整性、对比性和连续性等方面评价。如果发现异常数据，应详细分析，根据分析结果修正或者去除该数据。最后，由数据管理员审核认定之后上报。

3.3.2.4 数据价值/数据使用方法和建议

水质是水资源问题中的重要部分，通过分析大兴安岭森林生态系统水质的观测数据，可真实了解该区域的水质量，有利于揭示森林与水质之间的相互关系，为森林水资源和水环境的保护提供理论依据。

3.3.2.5 数据

表 3-47 中为地表水、地下水水质数据。

表 3-47　地表水、地下水水质数据

时间 （年-月）	pH	钙离子含量 （mg/L）	镁离子含量 （mg/L）	钾离子含量 （mg/L）	钠离子含量 （mg/L）	矿化度	总氮 （mg/L）	总磷 （mg/L）
2009-07	7.90	16.300	1.470	0.200	1.380	137.000	0.510	0.059
2009-09	7.40	12.050	1.480	0.560	1.860	83.000	0.690	0.020
2010-07	6.74	15.517	1.540	0.227	1.425	131.768	0.504	0.051
2010-09	6.61	12.108	1.580	0.455	1.839	96.664	0.631	0.028
2011-07	6.51	16.112	1.519	0.330	1.456	136.961	0.532	0.053
2011-09	6.53	13.485	1.494	0.467	1.703	88.656	0.676	0.037
2012-07	6.55	15.730	1.524	0.189	1.454	124.844	0.540	0.054
2012-09	6.70	12.006	1.506	0.382	1.613	93.566	0.684	0.036
2013-07	7.52	15.068	1.523	0.375	1.485	126.935	0.550	0.053
2013-09	7.33	13.087	1.477	0.572	1.746	93.046	0.650	0.032
2014-07	6.61	15.498	1.508	0.413	1.522	126.165	0.574	0.056
2014-09	6.51	12.081	1.487	0.616	1.787	98.334	0.640	0.028
2015-07	6.77	14.598	1.499	0.185	1.381	105.379	0.544	0.048
2015-09	6.70	13.880	1.472	0.408	1.589	97.052	0.624	0.025

3.3.3 雨水水质状况

3.3.3.1 概述

雨水水质长期观测是森林生态系统水分观测的重要内容之一，可以全面地反映生态系统中水质的动态变化及发展趋势。大兴安岭生态站的雨水水质数据为 2009—2015 年观测数据，采样点是大兴安岭生态站水量平衡观测场。

3.3.3.2 数据采集及处理方法

每次采集 500 mL 的雨水，然后将样品送入实验室进行化验，化验内容包括 pH、矿化度、硫酸根、非溶解性固体含量和电导率。

3.3.3.3 数据质量控制和评估

（1）数据采集和分析过程中的质量控制

采样过程中要确保水样的质量，并按规定方法对样品妥善保存。

（2）数据质量控制

录入数据之后，进行再次核对、整理和分析，避免录入过程出现错误。最后，将原始数据保存，统一编号，并在数据处理和上报完毕后归档保存。原始电子数据必须备份，并打印一份存档。

（3）数据质量综合评价

对已录入的数据，从数据的合理性、准确性、一致性、完整性、对比性等方面进行评价。若发现异常数据，应详细分析，然后修正或者去除该数据。最后，由数据管理员审核认定之后上报。

3.3.3.4 数据价值/数据使用方法和建议

水质是水资源问题中的重要部分，通过分析大兴安岭森林生态系统水质的观测数据，可真实了解该区域的水质量，有利于揭示森林与水质之间的相互关系，为森林水资源和水环境的保护提供理论依据。

3.3.3.5 数据

表 3-48 中为雨水水质数据。

表 3-48 雨水水质数据

时间（年-月）	pH	矿化度（mg/L）	硫酸根（mg/L）	非溶解性固体含量（mg/L）	电导率（S/μs）
2009-08	7.50	15.00	0.593 6	346.183	6.100
2009-09	7.40	24.00	1.462 4	203.973	22.000
2010-08	6.70	11.76	0.673 8	349.913	4.006
2010-09	7.91	20.56	1.969 7	201.846	22.969
2011-08	6.55	14.69	1.982 5	335.945	6.865
2011-09	6.48	23.98	2.474 7	200.774	21.367
2012-08	6.53	10.77	0.812 5	337.428	7.816
2012-09	6.70	25.29	1.698 0	201.512	20.586
2013-08	7.52	10.14	1.916 0	338.062	15.620
2013-09	7.33	31.10	2.585 0	207.930	27.360
2014-08	6.61	16.97	0.922 9	374.667	7.140
2014-09	6.40	28.09	1.875 0	220.000	11.050
2015-08	6.54	12.13	0.404 3	74.667	3.410
2015-09	6.48	15.84	1.206 0	184.000	25.160

3.3.4 水面蒸发

3.3.4.1 概述

水面蒸发量是水文循环的重要内容之一，也是研究陆面蒸散的基本参数，在水资源评价、水文模型和地气能量交换过程研究等方面都是重要的参考资料。数据集提供了 2009—2015 年的月蒸发量，该数据观测点位于大兴安岭生态站碳水通量观测场（DXFZH01）（121°30′38.160″E，北纬 50°56′16.080″N，海拔 848 m）。

3.3.4.2 数据采集及处理方法

通过观测前后两次的水位变化，结合这段时间的降水量来计算水面蒸发量。水面蒸发量于每日

20：00 观测 1 次，每次观测都重复 2 次，并求其平均值，最后计算月蒸发量（蒸发量＝前一日水面高度＋降水量－测量时水面高度）。

3.3.4.3 数据质量控制和评估

（1）观测和实验过程中的数据质量控制

要准确读取测针上的刻度，读至 0.1 mm，并且读取 2 次，求平均值；针尖或水面标志线露出水面超过 1.0 cm 时，应向水面加水，令水面与针尖齐平。遇到降雨溢流时，应测记溢流量。

（2）数据质量控制

录入数据之后，再次核对、整理和分析，避免录入过程中出现错误。最后，将原始数据保存，统一编号，并在数据处理和上报完毕后归档保存。原始电子数据必须备份，并打印一份存档。

（3）数据质量综合评价

对已录入的数据，从数据的合理性、准确性、一致性、完整性、对比性等方面进行评价。若发现异常数据，应详细分析，根据分析结果修正或者去除该数据。最后，由数据管理员审核认定之后上报。

3.3.4.4 数据价值/数据使用方法和建议

水面蒸发是水循环过程中重要的环节之一，将水面蒸发量监测数据与其他水文数据相结合，可为研究水面蒸发量在水文循环中的作用提供依据。此外，还可以了解水面蒸发量的动态变化趋势。将水面蒸发量数据与气象数据相结合，以研究大兴安岭北部地区地表蒸发的机理及其影响因素，揭示水面蒸发规律过程的机理机制。

3.3.4.5 数据

表 3-49、表 3-50、表 3-51、表 3-52、表 3-53、表 3-54、表 3-55 中分别为 2009 年、2010 年、2011 年、2012 年、2013 年、2014 年、2015 年水面蒸发数据。

表 3-49　2009 年水面蒸发数据

时间（年-月）	样地	月蒸发量（mm）	时间（年-月）	样地	月蒸发量（mm）
2009 - 01	DXFZH01	2.0	2009 - 07	DXFZH01	133.1
2009 - 02	DXFZH01	6.4	2009 - 08	DXFZH01	115.7
2009 - 03	DXFZH01	27.1	2009 - 09	DXFZH01	58.8
2009 - 04	DXFZH01	126.5	2009 - 10	DXFZH01	45.0
2009 - 05	DXFZH01	215.4	2009 - 11	DXFZH01	10.7
2009 - 06	DXFZH01	115.9	2009 - 12	DXFZH01	3.9

表 3-50　2010 年水面蒸发数据

时间（年-月）	样地	月蒸发量（mm）	时间（年-月）	样地	月蒸发量（mm）
2010 - 01	DXFZH01	3.2	2010 - 07	DXFZH01	154.7
2010 - 02	DXFZH01	5.8	2010 - 08	DXFZH01	113.9
2010 - 03	DXFZH01	27.5	2010 - 09	DXFZH01	107.9
2010 - 04	DXFZH01	64.0	2010 - 10	DXFZH01	42.3
2010 - 05	DXFZH01	185.7	2010 - 11	DXFZH01	8.9
2010 - 06	DXFZH01	248.7	2010 - 12	DXFZH01	1.3

表 3-51 2011 年水面蒸发数据

时间（年-月）	样地	月蒸发量（mm）	时间（年-月）	样地	月蒸发量（mm）
2011-01	DXFZH01	0.5	2011-07	DXFZH01	142.3
2011-02	DXFZH01	9.8	2011-08	DXFZH01	147.3
2011-03	DXFZH01	36.6	2011-09	DXFZH01	95.4
2011-04	DXFZH01	96.7	2011-10	DXFZH01	60.4
2011-05	DXFZH01	144.0	2011-11	DXFZH01	9.3
2011-06	DXFZH01	188.3	2011-12	DXFZH01	0.7

表 3-52 2012 年水面蒸发数据

时间（年-月）	样地	月蒸发量（mm）	时间（年-月）	样地	月蒸发量（mm）
2012-01	DXFZH01	0.4	2012-07	DXFZH01	169.9
2012-02	DXFZH01	7.1	2012-08	DXFZH01	132.3
2012-03	DXFZH01	31.4	2012-09	DXFZH01	107.6
2012-04	DXFZH01	101.4	2012-10	DXFZH01	48.9
2012-05	DXFZH01	159.1	2012-11	DXFZH01	9.4
2012-06	DXFZH01	138.7	2012-12	DXFZH01	0.8

表 3-53 2013 年水面蒸发数据

时间（年-月）	样地	月蒸发量（mm）	时间（年-月）	样地	月蒸发量（mm）
2013-01	DXFZH01	2.3	2013-07	DXFZH01	119.0
2013-02	DXFZH01	9.0	2013-08	DXFZH01	104.2
2013-03	DXFZH01	30.8	2013-09	DXFZH01	85.7
2013-04	DXFZH01	68.5	2013-10	DXFZH01	48.0
2013-05	DXFZH01	154.1	2013-11	DXFZH01	13.2
2013-06	DXFZH01	133.9	2013-12	DXFZH01	3.4

表 3-54 2014 年水面蒸发数据

时间（年-月）	样地	月蒸发量（mm）	时间（年-月）	样地	月蒸发量（mm）
2014-01	DXFZH01	2.5	2014-07	DXFZH01	132.2
2014-02	DXFZH01	10.0	2014-08	DXFZH01	115.7
2014-03	DXFZH01	32.7	2014-09	DXFZH01	95.2
2014-04	DXFZH01	75.5	2014-10	DXFZH01	53.3
2014-05	DXFZH01	171.2	2014-11	DXFZH01	14.6
2014-06	DXFZH01	148.7	2014-12	DXFZH01	3.7

表 3-55 2015 年水面蒸发数据

时间（年-月）	样地	月蒸发量（mm）	时间（年-月）	样地	月蒸发量（mm）
2015-01	DXFZH01	2.2	2015-02	DXFZH01	8.8

（续）

时间（年-月）	样地	月蒸发量（mm）	时间（年-月）	样地	月蒸发量（mm）
2015 - 03	DXFZH01	28.9	2015 - 08	DXFZH01	102.1
2015 - 04	DXFZH01	67.1	2015 - 09	DXFZH01	84.0
2015 - 05	DXFZH01	151.0	2015 - 10	DXFZH01	47.0
2015 - 06	DXFZH01	131.2	2015 - 11	DXFZH01	12.9
2015 - 07	DXFZH01	116.6	2015 - 12	DXFZH01	3.3

3.4 气象联网长期观测数据

3.4.1 气压

3.4.1.1 概述

气压是作用在单位面积上的大气压力，等于单位面积上向上延伸到大气上界的垂直空气柱的量，气压以 hPa 为单位。数据包括 2009—2015 的数据，采集地位于大兴安岭北部根河林业局潮查林场境内（121°30′39″E，50°56′23″N，海拔高度 815 m），使用 CS105（Vaisala，Finland）监测系统进行观测。上述数据采样频率为 0.5 Hz，通过数据采集器 CR1000 在线计算并存储 30 min 统计数据。

3.4.1.2 数据采集及处理方法

数据采集由 CR1000 完成，控制测量、运算及数据存储；气压使用 CS105（Vaisala，Finland）大气压传感器反映数值。LoggerNet 软件是用于连接数据采集器的软件，采集后的原始数据使用软件进行转置，最终导入 Excel 中，处理后得到气压每小时的观测数据，以此数据作为气象数据的 0 级数据。观测层次：距地面小于 1 m。

3.4.1.3 数据质量控制和评估

（1）在观测过程中，针对观测仪器、天气影响等导致的数据异常问题，需要对数据进行剔除和插补，对 0 级数据采用拉依达法［当试验次数较多时，可简单地用 3 倍标准偏差（3S）作为确定可疑数据取舍的标准。由于该方法是以 3 倍标准偏差作为判别标准，所以也称 3 倍标准偏差法，简称 3S 法］进行异常值的剔除，并且对超出范围的异常值进行标注，筛选出异常值之后的观测数据为 1 级气象观测数据（李光强，2009；肖明耀，1985；张腾飞，2007）。

（2）采用"平均值法"对于异常值和缺测的数据进行插补，采用前 3 d 的同一时刻和后 3 d 的同一时刻的平均值，或者前 3 h 和后 3 h 的平均值进行数据插补（金勇进，2001）。插补后的观测数据为 2 级气象观测数据。

3.4.1.4 数据价值/数据使用方法和建议

气压的大小与海拔高度、大气温度、大气密度等有关，一般随高度升高按指数律递减。气压与风、天气的好坏等关系密切，因而是重要的气象因子。本数据集可通过内蒙古大兴安岭森林生态系统国家野外科学观测研究站网络（http：//dxf. cern. ac. cn/）获取。登录首页后点击"资源服务"下的数据服务，在数据资源搜索框输入气象等字段进行查询、申请和下载数据。该数据集的数据格式为 Excel，用户使用时应注意数据的单位。

3.4.1.5 数据

表 3 - 56、表 3 - 57、表 3 - 58、表 3 - 59 中为 2009—2015 年气压观测数据。

表 3-56　2009—2010 年气压观测数据

时间（年-月）	气压（hPa）	有效数据（条）	时间（年-月）	气压（hPa）	有效数据（条）
2009-01	—	0	2010-01	920.57	1 488
2009-02	—	0	2010-02	919.89	1 344
2009-03	—	0	2010-03	918.40	1 488
2009-04	—	0	2010-04	917.25	1 440
2009-05	—	0	2010-05	915.85	1 488
2009-06	—	0	2010-06	915.57	1 440
2009-07	—	0	2010-07	914.66	1 488
2009-08	917.31	960	2010-08	916.80	1 488
2009-09	915.48	1 440	2010-09	920.80	1 440
2009-10	924.14	1 488	2010-10	922.36	1 488
2009-11	922.38	1 440	2010-11	918.31	1 440
2009-12	920.78	1 488	2010-12	915.59	1 488

表 3-57　2011—2012 年气压观测数据

时间（年-月）	气压（hPa）	有效数据（条）	时间（年-月）	气压（hPa）	有效数据（条）
2011-01	925.58	1 488	2012-01	924.93	1 488
2011-02	920.05	1 344	2012-02	918.99	1 392
2011-03	919.19	1 488	2012-03	919.51	1 488
2011-04	916.59	1 440	2012-04	910.67	1 440
2011-05	913.63	1 488	2012-05	914.94	1 488
2011-06	913.10	1 440	2012-06	913.63	1 440
2011-07	913.99	1 488	2012-07	914.33	1 488
2011-08	917.23	1 488	2012-08	915.80	1 488
2011-09	920.04	1 440	2012-09	921.99	1 440
2011-10	920.90	1 488	2012-10	919.54	1 488
2011-11	925.07	1 440	2012-11	916.68	1 440
2011-12	926.15	1 488	2012-12	921.92	1 488

表 3-58　2013—2014 年气压观测数据

时间（年-月）	气压（hPa）	有效数据（条）	时间（年-月）	气压（hPa）	有效数据（条）
2013-01	923.29	1 488	2013-09	917.81	1 440
2013-02	920.57	1 344	2013-10	924.33	1 488
2013-03	915.28	1 488	2013-11	919.25	1 440
2013-04	915.23	1 440	2013-12	922.32	1 488
2013-05	911.84	1 488	2014-01	920.62	1 488
2013-06	914.96	1 440	2014-02	925.56	1 344
2013-07	910.80	1 488	2014-03	921.22	1 488
2013-08	913.53	1 488	2014-04	920.80	1 440

（续）

时间（年-月）	气压（hPa）	有效数据（条）	时间（年-月）	气压（hPa）	有效数据（条）
2014 – 05	914.20	1 488	2014 – 09	920.38	1 440
2014 – 06	917.61	1 440	2014 – 10	921.91	1 488
2014 – 07	912.54	1 488	2014 – 11	902.31	1 440
2014 – 08	918.13	1 488	2014 – 12	921.17	1 488

表 3 – 59　2015 年气压观测数据

时间（年-月）	气压（hPa）	有效数据（条）	时间（年-月）	气压（hPa）	有效数据（条）
2015 – 01	923.65	1 488	2015 – 07	913.8	1 488
2015 – 02	921.56	1 344	2015 – 08	918.67	1 488
2015 – 03	918.64	1 488	2015 – 09	921.62	1 440
2015 – 04	915.66	1 440	2015 – 10	918.52	1 488
2015 – 05	911.78	1 488	2015 – 11	927.54	1 440
2015 – 06	916.19	1 440	2015 – 12	924.25	1 488

3.4.2　气温

3.4.2.1　概述

气温是表示空气冷热程度的物理量。本数据集包括 2009—2015 年的数据，采集地位于大兴安岭北部根河林业局潮查林场境内（121°30′39″E，50°56′23″N，海拔高度 815 m），数据使用 HMP45C（Vaisala，Finland）观测系统进行观测。上述数据采样频率为 0.5 Hz，通过数据采集器 CR1000 在线计算并存储 30 min 统计数据。

3.4.2.2　数据采集及处理方法

数据采集由 CR1000 完成，控制测量、运算及数据存储。气温使用 HMP45C（Vaisala，Finland）温度传感器测定反映数值，每 10 s 采测 1 个温度值，每分钟采测 6 个温度值，去除 1 个最大值和 1 个最小值后取平均值，作为每分钟的温度值存储。采测整点的温度值作为正点数据存储。

LoggerNet 软件是用于连接数据采集器的软件，采集后的原始数据使用该软件进行转置，最终导入 Excel 中，处理后得到每小时的气温观测数据，以此数据作为气象数据的 0 级数据。

3.4.2.3　数据质量控制和评估

（1）超出气候学界限值域−80～60 ℃的数据为错误数据。

（2）1 min 内允许的最大变化值为 3 ℃，1 h 内变化幅度的最小值为 0.1 ℃。

（3）气温应大于等于露点温度。

（4）24 h 气温变化范围小于 50 ℃。

（5）在观测过程中，针对观测仪器、天气影响等导致的数据异常问题，需要对数据进行剔除和插补，对 0 级数据采用拉依达法［当试验次数较多时，可简单地用 3 倍标准偏差（3S）作为确定可疑数据取舍的标准。由于该方法是以 3 倍标准偏差作为判别标准，所以也称 3 倍标准偏差法，简称 3S 法］进行异常值的剔除，并且对超出范围的异常值进行标注，筛选出异常值之后的观测数据为 1 级气象观测数据（李光强，2009；肖明耀，1985；张腾飞，2007）。

（6）采用"平均值法"对于异常值和缺测的数据进行插补，采用前 3 d 的同一时刻和后 3 d 的同一时刻的平均值，或者前 3 h 和后 3 h 的平均值进行数据插补（金勇进，2001）。插补后的观测数据为 2 级气象观测数据。

3.4.2.4　数据价值/数据使用方法和建议

　　温度除受地理纬度影响外，还可随地势高度的增加而降低。大兴安岭生态站 2009—2015 年的气温数据较为完整，具有较高的利用价值。本数据集可通过内蒙古大兴安岭森林生态系统国家野外科学观测研究站网络（http：//dxf. cern. ac. cn/）获取。登录首页后点击"资源服务"下的数据服务，在数据资源搜索框输入气象等字段进行查询、申请和下载数据。该数据集的数据格式为 Excel，用户使用时应注意数据的单位。

3.4.2.5　数据

　　表 3 - 60、表 3 - 61、表 3 - 62、表 3 - 63 中为 2009—2015 年气温观测数据。

表 3 - 60　2009—2010 年气温观测数据

时间（年-月）	气温（℃）	有效数据（条）	时间（年-月）	气温（℃）	有效数据（条）
2009 - 01	—	0	2010 - 01	-30.13	1 488
2009 - 02	—	0	2010 - 02	-27.40	1 344
2009 - 03	—	0	2010 - 03	-17.50	1 488
2009 - 04	—	0	2010 - 04	-5.09	1 440
2009 - 05	—	0	2010 - 05	9.37	1 488
2009 - 06	—	0	2010 - 06	16.50	1 440
2009 - 07	—	0	2010 - 07	16.16	1 488
2009 - 08	11.64	960	2010 - 08	12.89	1 488
2009 - 09	5.16	1 440	2010 - 09	6.19	1 440
2009 - 10	-4.16	1 488	2010 - 10	-4.21	1 488
2009 - 11	-19.64	1 440	2010 - 11	-15.07	1 440
2009 - 12	-27.66	1 488	2010 - 12	-26.21	1 488

表 3 - 61　2011—2012 年气温观测数据

时间（年-月）	气温（℃）	有效数据（条）	时间（年-月）	气温（℃）	有效数据（条）
2011 - 01	-30.70	1 488	2012 - 01	-29.91	1 488
2011 - 02	-22.19	1 344	2012 - 02	-23.78	1 392
2011 - 03	-13.39	1 488	2012 - 03	-12.59	1 488
2011 - 04	-0.63	1 440	2012 - 04	-0.09	1 440
2011 - 05	6.75	1 488	2012 - 05	9.42	1 488
2011 - 06	14.12	1 440	2012 - 06	15.03	1 440
2011 - 07	17.56	1 488	2012 - 07	18.48	1 488
2011 - 08	14.47	1 488	2012 - 08	13.82	1 488
2011 - 09	3.98	1 440	2012 - 09	9.48	1 440
2011 - 10	-1.42	1 488	2012 - 10	-1.59	1 488
2011 - 11	-17.85	1 440	2012 - 11	-14.60	1 440
2011 - 12	-29.64	1 488	2012 - 12	-26.92	1 488

表 3 - 62　2013—2014 年气温观测数据

时间（年-月）	气温（℃）	有效数据（条）	时间（年-月）	气温（℃）	有效数据（条）
2013 - 01	−31.4	1 488	2014 - 01	−28.09	1 488
2013 - 02	−26.57	1 344	2014 - 02	−24.21	1 344
2013 - 03	−16.43	1 488	2014 - 03	−10.87	1 488
2013 - 04	−3.46	1 440	2014 - 04	2.15	1 440
2013 - 05	9.69	1 488	2014 - 05	7.60	1 488
2013 - 06	13.11	1 440	2014 - 06	14.53	1 440
2013 - 07	15.41	1 488	2014 - 07	14.94	1 488
2013 - 08	13.55	1 488	2014 - 08	13.58	1 488
2013 - 09	5.31	1 440	2014 - 09	6.14	1 440
2013 - 10	−3.01	1 488	2014 - 10	−4.39	1 488
2013 - 11	−12.93	1 440	2014 - 11	−15.29	1 440
2013 - 12	−22.30	1 488	2014 - 12	−27.22	1 488

表 3 - 63　2015 年气温观测数据

时间（年-月）	气温（℃）	有效数据（条）	时间（年-月）	气温（℃）	有效数据（条）
2015 - 01	−25.61	1 488	2015 - 07	20.47	1 488
2015 - 02	−18.44	1 344	2015 - 08	15.75	1 488
2015 - 03	−10.58	1 488	2015 - 09	6.07	1 440
2015 - 04	−0.84	1 440	2015 - 10	−2.49	1 488
2015 - 05	6.81	1 488	2015 - 11	−17.97	1 440
2015 - 06	17.01	1 440	2015 - 12	−24.34	1 488

3.4.3　相对湿度

3.4.3.1　概述

相对湿度是空气中实际水汽压与当时气温下的饱和水汽压之比，以百分数（％）表示。本数据集包括 2009—2015 年的数据，采集地位于大兴安岭北部根河林业局潮查林场境内（121°30′39″E，50°56′23″N，海拔高度 815 m），数据使用 HMP45C（Vaisala，Finland）湿度传感器观测。上述数据采样频率为 0.5 Hz，通过数据采集器 CR1000 在线计算并存储 30 min 统计数据。

3.4.3.2　数据采集及处理方法

数据采集由 CR1000 完成，控制测量、运算及数据存储。湿度使用 HMP45C（Vaisala，Finland）湿度传感器反映数值，每 10 s 采测 1 个湿度值，每分钟采测 6 个湿度值，去除 1 个最大值和 1 个最小值后取平均值，作为每分钟的湿度值存储。采测整点的湿度值作为正点数据存储。

LoggerNet 软件是用于连接数据采集器的软件，采集后的原始数据使用该软件进行转置，最终导入 Excel 中，处理后得到气温每小时的观测数据，以此数据作为气象数据的 0 级数据。

3.4.3.3　数据质量控制和评估

（1）相对湿度为 0~100％。

（2）定时相对湿度大于等于日最小相对湿度。

（3）干球温度大于等于湿球温度（结冰期除外）。

（4）在观测过程中，针对观测仪器、天气影响等导致的数据异常问题，需要对数据进行剔除和插补，对 0 级数据采用拉依达法［当试验次数较多时，可简单地用 3 倍标准偏差（3S）作为确定可疑数据取舍的标准。由于该方法是以 3 倍标准偏差作为判别标准，所以亦称 3 倍标准偏差法，简称 3S 法］进行异常值的剔除，并且对超出范围的异常值进行标注，筛选出异常值之后的观测数据为 1 级气象观测数据（李光强，2009；肖明耀，1985；张腾飞，2007）。

（5）采用"平均值法"对于异常值和缺测的数据进行插补，采用前 3 d 的同一时刻和后 3 d 的同一时刻的平均值，或者前 3 h 和后 3 h 的平均值进行数据插补（金勇进，2001）。插补后的观测数据为 2 级气象观测数据。

3.4.3.4　数据价值/数据使用方法和建议

水蒸气时空分布通过潜热交换、辐射性冷却和加热、云的形成和降雨等对天气和气候造成相当大的影响，进而影响动植物的生长环境，其变化是植被改变的主要动力，从而对农业生产产生一定影响。因此，了解该地相对湿度的变化趋势，对于了解环境的变化及调整生产具有重要的现实意义。本数据集可通过内蒙古大兴安岭森林生态系统国家野外科学观测研究站网络（http：// dxf. cern. ac. cn/）获取。登录首页后点击"资源服务"下的数据服务，在数据资源搜索框输入气象等字段进行查询、申请和下载数据。该数据集的数据格式为 Excel，用户使用时应注意数据的单位。

3.4.3.5　数据

表 3-64、表 3-65、表 3-66、表 3-67 中为 2009—2015 年相对湿度观测数据。

表 3-64　2009—2010 年相对湿度观测数据

时间（年-月）	相对湿度（%）	有效数据（条）	时间（年-月）	相对湿度（%）	有效数据（条）
2009 - 01	—	0	2010 - 01	66.99	1 488
2009 - 02	—	0	2010 - 02	63.39	1 344
2009 - 03	—	0	2010 - 03	56.94	1 488
2009 - 04	—	0	2010 - 04	60.51	1 440
2009 - 05	—	0	2010 - 05	57.03	1 488
2009 - 06	—	0	2010 - 06	69.03	1 440
2009 - 07	—	0	2010 - 07	82.82	1 488
2009 - 08	75.01	960	2010 - 08	84.99	1 488
2009 - 09	65.18	1 440	2010 - 09	73.41	1 440
2009 - 10	64.79	1 488	2010 - 10	68.37	1 488
2009 - 11	69.46	1 440	2010 - 11	73.85	1 440
2009 - 12	69.33	1 488	2010 - 12	70.48	1 488

表 3-65　2011—2012 年相对湿度观测数据

时间（年-月）	相对湿度（%）	有效数据（条）	时间（年-月）	相对湿度（%）	有效数据（条）
2011 - 01	66.76	1 488	2011 - 07	84.93	1 488
2011 - 02	62.92	1 344	2011 - 08	84.01	1 488
2011 - 03	58.57	1 488	2011 - 09	71.53	1 440
2011 - 04	54.43	1 440	2011 - 10	65.24	1 488
2011 - 05	61.62	1 488	2011 - 11	73.69	1 440
2011 - 06	70.92	1 440	2011 - 12	69.54	1 488

（续）

时间（年-月）	相对湿度（%）	有效数据（条）	时间（年-月）	相对湿度（%）	有效数据（条）
2012 - 01	69.58	1 488	2012 - 07	80.01	1 488
2012 - 02	63.78	1 392	2012 - 08	77.73	1 488
2012 - 03	55.38	1 488	2012 - 09	61.44	1 440
2012 - 04	49.77	1 440	2012 - 10	60.36	1 488
2012 - 05	57.03	1 488	2012 - 11	75.39	1 440
2012 - 06	76.82	1 440	2012 - 12	70.95	1 488

表 3 - 66　2013—2014 年相对湿度观测数据

时间（年-月）	相对湿度（%）	有效数据（条）	时间（年-月）	相对湿度（%）	有效数据（条）
2013 - 01	66.41	1 488	2014 - 01	67.49	1 488
2013 - 02	62.44	1 344	2014 - 02	61.01	1 344
2013 - 03	56.83	1 488	2014 - 03	57.15	1 488
2013 - 04	60.00	1 440	2014 - 04	44.66	1 440
2013 - 05	64.73	1 488	2014 - 05	63.76	1 488
2013 - 06	79.44	1 440	2014 - 06	77.84	1 440
2013 - 07	86.25	1 488	2014 - 07	83.51	1 488
2013 - 08	87.24	1 488	2014 - 08	84.55	1 488
2013 - 09	75.41	1 440	2014 - 09	72.76	1 440
2013 - 10	64.37	1 488	2014 - 10	63.56	1 488
2013 - 11	73.32	1 440	2014 - 11	70.10	1 440
2013 - 12	73.55	1 488	2014 - 12	68.66	1 488

表 3 - 67　2015 年相对湿度观测数据

时间（年-月）	相对湿度（%）	有效数据（条）	时间（年-月）	相对湿度（%）	有效数据（条）
2015 - 01	68.61	1 488	2015 - 07	67.19	1 488
2015 - 02	62.87	1 344	2015 - 08	87.34	1 488
2015 - 03	51.31	1 488	2015 - 09	72.58	1 440
2015 - 04	50.56	1 440	2015 - 10	54.50	1 488
2015 - 05	56.67	1 488	2015 - 11	70.37	1 440
2015 - 06	69.91	1 440	2015 - 12	76.50	1 488

3.4.4　地表温度

3.4.4.1　概述

下垫面的温度和不同深度土壤温度统称为地温。浅层地温包括离地面 5 cm、10 cm、15 cm、20 cm 深度的地中温度；深层地温包括离地面 40 cm、80 cm、100 cm 深度的地中温度。地温以℃单位。本数据集包括 2009—2015 年的数据，采集地位于大兴安岭北部根河林业局潮查林场境内（121°30′39″E，50°56′23″N，海拔高度 815 m）。数据采样频率为 0.5 Hz，通过数据采集器 CR1000 在线计算并存储 30 min 统计数据。

3.4.4.2 数据采集及处理方法

数据采集由 CR1000 完成，控制测量、运算及数据存储。采集地点的传感器每 10 s 采测 1 个地表温度值，每分钟采测 6 个地表温度值，去除 1 个最大值和 1 个最小值后取平均值，以作为每分钟的土壤温度值存储。采测整点的温度值作为正点数据存储。

LoggerNet 软件是用于连接数据采集器的软件，采集后的原始数据使用该软件进行转置，最终导入 Excel 中，处理后得到地表气温每小时的观测数据，以此数据作为气象数据的 0 级数据。

3.4.4.3 数据质量控制和评估

（1）超出气候学界限值域−90～90 ℃的数据为错误数据。

（2）地表温度 24 h 变化范围应小于 60 ℃。

3.4.4.4 数据价值/数据使用方法和建议

本数据集可通过内蒙古大兴安岭森林生态系统国家野外科学观测研究站网络（http：//dxf. cern. ac. cn/）获取。登录首页后点击"资源服务"下的数据服务，在数据资源搜索框输入气象等字段进行查询、申请和下载数据。该数据集的数据格式为 Excel，用户使用时应注意数据的单位。

3.4.4.5 数据

表 3‐68、表 3‐69、表 3‐70、表 3‐71 中为 2009—2015 年地表温度观测数据。

表 3‐68 2009—2010 年地表温度观测数据

时间（年‐月）	地表温度（℃）	有效数据（条）	时间（年‐月）	地表温度（℃）	有效数据（条）
2009 − 01	—	0	2010 − 01	−10.62	1 488
2009 − 02	—	0	2010 − 02	−10.98	1 344
2009 − 03	—	0	2010 − 03	−8.65	1 488
2009 − 04	—	0	2010 − 04	−2.54	1 440
2009 − 05	—	0	2010 − 05	10.75	1 488
2009 − 06	—	0	2010 − 06	21.19	1 440
2009 − 07	—	0	2010 − 07	19.16	1 488
2009 − 08	12.37	960	2010 − 08	16.15	1 488
2009 − 09	8.72	1 440	2010 − 09	11.19	1 440
2009 − 10	0.67	1 488	2010 − 10	0.41	1 488
2009 − 11	−10.95	1 440	2010 − 11	−6.41	1 440
2009 − 12	−8.77	1 488	2010 − 12	−7.55	1 488

表 3‐69 2011—2012 年地表温度观测数据

时间（年‐月）	地表温度（℃）	有效数据（条）	时间（年‐月）	地表温度（℃）	有效数据（条）
2011 − 01	−10.62	1 488	2011 − 09	11.19	1 440
2011 − 02	−10.98	1 344	2011 − 10	0.41	1 488
2011 − 03	−8.65	1 488	2011 − 11	−6.41	1 440
2011 − 04	−2.54	1 440	2011 − 12	−7.55	1 488
2011 − 05	10.75	1 488	2012 − 01	−12.79	1 488
2011 − 06	21.19	1 440	2012 − 02	−12.83	1 392
2011 − 07	19.16	1 488	2012 − 03	−8.74	1 488
2011 − 08	16.15	1 488	2012 − 04	−0.05	1 440

（续）

时间（年-月）	地表温度（℃）	有效数据（条）	时间（年-月）	地表温度（℃）	有效数据（条）
2012 - 05	9.72	1 488	2012 - 09	9.97	1 440
2012 - 06	15.79	1 440	2012 - 10	1.20	1 488
2012 - 07	19.90	1 488	2012 - 11	−6.76	1 440
2012 - 08	15.19	1 488	2012 - 12	−12.02	1 488

表3-70　2013—2014年地表温度观测数据

时间（年-月）	地表温度（℃）	有效数据（条）	时间（年-月）	地表温度（℃）	有效数据（条）
2013 - 01	−15.03	1 488	2014 - 01	−13.30	1 488
2013 - 02	−12.00	1 344	2014 - 02	−14.46	1 344
2013 - 03	−8.29	1 488	2014 - 03	−7.83	1 488
2013 - 04	−2.10	1 440	2014 - 04	2.57	1 440
2013 - 05	9.69	1 488	2014 - 05	8.08	1 488
2013 - 06	14.29	1 440	2014 - 06	14.90	1 440
2013 - 07	17.44	1 488	2014 - 07	16.75	1 488
2013 - 08	16.11	1 488	2014 - 08	14.99	1 488
2013 - 09	8.52	1 440	2014 - 09	9.32	1 440
2013 - 10	0.45	1 488	2014 - 10	0.13	1 488
2013 - 11	−4.04	1 440	2014 - 11	−6.11	1 440
2013 - 12	−9.36	1 488	2014 - 12	−10.04	1 488

表3-71　2015年地表温度观测数据

时间（年-月）	地表温度（℃）	有效数据（条）	时间（年-月）	地表温度（℃）	有效数据（条）
2015 - 01	−11.73	1 488	2015 - 07	15.60	1 488
2015 - 02	−11.35	1 344	2015 - 08	16.81	1 488
2015 - 03	−7.44	1 488	2015 - 09	8.82	1 440
2015 - 04	−0.13	1 440	2015 - 10	1.67	1 488
2015 - 05	5.98	1 488	2015 - 11	−6.13	1 440
2015 - 06	12.65	1 440	2015 - 12	−9.08	1 488

表3-72、表3-73、表3-74、表3-75中为2009—2015年土壤温度观测数据。

表3-72　2009—2010年土壤温度观测数据

时间（年-月）	5 cm土壤温度（℃）	10 cm土壤温度（℃）	15 cm土壤温度（℃）	20 cm土壤温度（℃）	40 cm土壤温度（℃）	60 cm土壤温度（℃）	100 cm土壤温度（℃）	有效数据（条）
2009 - 01	—	—	—	—	—	—	—	0
2009 - 02	—	—	—	—	—	—	—	0
2009 - 03	—	—	—	—	—	—	—	0
2009 - 04	—	—	—	—	—	—	—	0
2009 - 05	—	—	—	—	—	—	—	0

（续）

时间（年-月）	5 cm 土壤温度（℃）	10 cm 土壤温度（℃）	15 cm 土壤温度（℃）	20 cm 土壤温度（℃）	40 cm 土壤温度（℃）	60 cm 土壤温度（℃）	100 cm 土壤温度（℃）	有效数据（条）
2009 - 06	—	—	—	—	—		—	0
2009 - 07	—	—	—	—	—		—	0
2009 - 08	12.26	12.11	12.25	12.32	12.26	12.17	12.20	960
2009 - 09	9.13	8.80	9.13	9.23	9.21	9.60	9.52	1 440
2009 - 10	1.59	1.28	1.92	2.26	2.41	3.34	3.83	1 488
2009 - 11	−9.87	−8.80	−7.49	−6.77	−4.69	−1.28	0.05	1 440
2009 - 12	−8.34	−7.80	−7.13	−6.75	−5.62	−3.41	−2.22	1 488
2010 - 01	−10.27	−9.77	−9.17	−8.81	−7.78	−5.80	−4.71	1 488
2010 - 02	−10.70	−10.28	−9.75	−9.45	−8.53	−6.83	−5.85	1 344
2010 - 03	−8.59	−8.36	−8.04	−7.85	−7.25	−6.17	−5.47	1 488
2010 - 04	−2.93	−3.04	−3.08	−3.08	−2.92	−2.89	−2.80	1 440
2010 - 05	9.08	7.96	6.57	5.64	3.46	0.73	−0.07	1 488
2010 - 06	19.69	18.63	17.43	16.51	14.54	9.95	6.84	1 440
2010 - 07	18.45	17.89	17.43	17.00	16.13	13.52	11.45	1 488
2010 - 08	15.65	15.31	15.01	14.73	14.20	12.49	11.17	1 488
2010 - 09	11.10	11.10	11.20	11.23	11.35	10.98	10.51	1 440
2010 - 10	0.64	0.93	1.40	1.68	2.39	3.25	3.77	1 488
2010 - 11	−5.87	−5.22	−4.33	−3.76	−2.25	−0.42	0.35	1 440
2010 - 12	−7.26	−6.84	−6.19	−5.76	−4.52	−2.65	−1.59	1 488

表 3 - 73　2011—2012 年土壤温度观测数据

时间（年-月）	5 cm 土壤温度（℃）	10 cm 土壤温度（℃）	15 cm 土壤温度（℃）	20 cm 土壤温度（℃）	40 cm 土壤温度（℃）	60 cm 土壤温度（℃）	100 cm 土壤温度（℃）	有效数据（条）
2011 - 01	−9.39	−8.96	−8.35	−7.94	−6.78	−5.11	−4.13	1 488
2011 - 02	−9.12	−8.85	−8.44	−8.16	−7.34	−6.13	−5.33	1 344
2011 - 03	−5.96	−5.87	−5.67	−5.55	−5.12	−4.57	−4.12	1 488
2011 - 04	1.21	0.86	0.46	0.23	−0.14	−0.57	−0.70	1 440
2011 - 05	7.90	7.21	6.33	5.67	4.22	1.25	0.23	1 488
2011 - 06	16.18	15.59	14.79	14.15	12.79	9.28	6.91	1 440
2011 - 07	18.75	18.41	17.41	17.10	16.66	14.45	12.50	1 488
2011 - 08	18.01	17.72	16.74	16.53	16.38	15.03	13.73	1 488
2011 - 09	8.24	8.31	8.87	8.91	8.94	9.57	9.59	1 440
2011 - 10	1.45	1.64	2.45	2.52	2.62	3.60	4.08	1 488
2011 - 11	−3.06	−2.68	−1.50	−1.35	−1.16	0.37	0.90	1 440
2011 - 12	−7.75	−7.18	−5.16	−4.95	−4.67	−2.15	−0.95	1 488
2012 - 01	−12.45	−11.90	−12.23	−12.07	−6.42	−7.12	−5.73	1 488
2012 - 02	−12.70	−12.36	−12.48	−12.41	−8.46	−9.01	−7.91	1 392
2012 - 03	−8.68	−8.57	−8.55	−8.55	−6.77	−7.07	−6.47	1 488

（续）

时间（年-月）	5 cm 土壤温度（℃）	10 cm 土壤温度（℃）	15 cm 土壤温度（℃）	20 cm 土壤温度（℃）	40 cm 土壤温度（℃）	60 cm 土壤温度（℃）	100 cm 土壤温度（℃）	有效数据（条）
2012 - 04	−0.37	−0.74	−0.39	−0.58	2.16	−2.16	−2.16	1 440
2012 - 05	8.97	8.27	8.79	8.43	1.39	2.04	0.72	1 488
2012 - 06	15.06	14.48	14.83	14.53	8.30	9.27	7.24	1 440
2012 - 07	19.33	18.84	19.13	18.88	13.55	14.49	12.58	1 488
2012 - 08	14.71	14.56	14.56	14.5	12.40	12.92	11.92	1 488
2012 - 09	9.45	9.52	9.37	9.46	9.32	9.52	9.19	1 440
2012 - 10	1.01	1.35	0.96	2.05	3.82	3.63	4.09	1 488
2012 - 11	−6.34	−5.72	−5.02	−4.27	−2.02	−0.57	0.30	1 440
2012 - 12	−11.53	−10.93	−10.03	−9.41	−7.15	−4.89	−3.39	1 488

表 3 - 74　2013—2014 年土壤温度观测数据

时间（年-月）	5 cm 土壤温度（℃）	10 cm 土壤温度（℃）	15 cm 土壤温度（℃）	20 cm 土壤温度（℃）	40 cm 土壤温度（℃）	60 cm 土壤温度（℃）	100 cm 土壤温度（℃）	有效数据（条）
2013 - 01	−14.73	−14.28	−13.61	−13.14	−11.32	−9.50	−8.14	1 488
2013 - 02	−11.86	−11.65	−11.27	−10.99	−9.88	−8.77	−7.86	1 344
2013 - 03	−8.29	−8.27	−8.07	−7.93	−7.36	−6.78	−6.25	1 488
2013 - 04	−2.20	−2.81	−2.97	−3.08	−3.14	−3.20	−3.15	1 440
2013 - 05	8.76	7.93	7.05	6.34	4.06	1.79	0.62	1 488
2013 - 06	13.73	12.81	12.24	11.71	9.82	7.93	6.05	1 440
2013 - 07	16.63	16.08	15.59	15.12	13.51	11.92	10.23	1 488
2013 - 08	15.38	15.33	15.13	14.88	13.84	12.81	11.58	1 488
2013 - 09	8.07	8.19	8.31	8.32	8.23	8.16	7.88	1 440
2013 - 10	0.28	0.65	0.98	1.18	1.69	2.20	2.56	1 488
2013 - 11	−3.91	−3.39	−2.74	−2.29	−1.16	−0.03	0.39	1 440
2013 - 12	−9.02	−8.36	−7.54	−6.93	−5.01	−3.09	−1.83	1 488
2014 - 01	−13.13	−12.62	−11.94	−11.91	−10.10	−8.10	−6.85	1 488
2014 - 02	−14.22	−14.01	−13.45	−13.73	−12.01	−10.30	−9.20	1 344
2014 - 03	−7.69	−8.03	−7.94	−7.99	−7.58	−7.17	−6.73	1 488
2014 - 04	1.81	1.18	0.64	0.91	−0.02	−0.96	−1.13	1 440
2014 - 05	7.38	6.50	5.73	6.11	3.72	1.32	0.30	1 488
2014 - 06	14.07	13.40	12.70	13.05	10.56	8.07	6.15	1 440
2014 - 07	16.03	15.59	15.14	15.37	13.52	11.67	10.03	1 488
2014 - 08	14.39	14.20	13.94	14.07	12.86	11.66	10.50	1 488
2014 - 09	8.84	9.22	9.35	9.28	9.27	9.25	8.91	1 440
2014 - 10	0.12	0.46	0.85	0.65	1.49	2.33	2.77	1 488
2014 - 11	−5.76	−5.16	−4.34	−4.75	−2.63	−0.51	0.23	1 440
2014 - 12	−9.78	−9.23	−8.47	−8.81	−6.47	−4.13	−2.83	1 488

表 3-75　2015 年土壤温度观测数据

时间（年-月）	5 cm 土壤温度（℃）	10 cm 土壤温度（℃）	15 cm 土壤温度（℃）	20 cm 土壤温度（℃）	40 cm 土壤温度（℃）	60 cm 土壤温度（℃）	100 cm 土壤温度（℃）	有效数据（条）
2015-01	-11.06	-11.14	-10.63	-10.25	-8.81	-7.37	-6.27	1 488
2015-02	-11.17	-11.08	-10.70	-10.50	-9.36	-8.23	-7.32	1 344
2015-03	-7.34	-7.54	-7.37	-7.29	-6.80	-6.29	-5.81	1 488
2015-04	-0.44	-0.82	-1.01	-1.13	-1.28	-1.43	-1.47	1 440
2015-05	5.55	4.81	4.82	3.77	2.19	0.48	0.01	1 488
2015-06	12.82	13.93	13.66	13.32	11.25	5.29	3.73	1 440
2015-07	15.57	17.91	17.43	17.00	15.26	9.62	7.98	1 488
2015-08	16.19	15.92	15.59	15.29	13.99	12.85	11.50	1 488
2015-09	8.35	8.66	8.79	8.82	8.77	8.73	8.44	1 440
2015-10	1.51	1.81	2.11	2.24	2.74	3.24	3.57	1 488
2015-11	-5.78	-4.96	-4.07	-4.52	-2.41	-0.30	0.44	1 440
2015-12	-8.76	-8.23	-7.53	-7.88	-5.73	-3.58	-2.39	1 488

3.4.5　降水

3.4.5.1　概述

降水是指从天空降落到地面上的液态或固态（经融化后）的水，未经蒸发、渗透、流失而在水平面上集聚的深度。以 mm 为单位，取 1 位小数。降水观测包括降水量和降水强度。降水强度是指单位时间的降水量，通常测定 5 min、10 min 和 1 h 内的最大降水量，气象站观测日降水总量。本数据集包括 2009—2015 年的数据，采集地位于大兴安岭北部根河林业局潮查林场境内（121°30′39″E，50°56′23″N，海拔高度 815 m），数据采样频率为 0.5 Hz，通过数据采集器 CR1000 在线计算并存储 30 min 统计数据。

3.4.5.2　数据采集及处理方法

（1）每天 8：00、20：00 分别量取前 12 h 的降水量。观测液体降水时要换取储水瓶，将水倒入量杯，应倒净。将量杯保持垂直，令人的视线与水面齐平，以水凹面为准，读得的刻度数即降水量，记入相应栏内（降水量大时，应分数次量取，求总和）。

（2）冬季降雪时，须将承雨器取下，换上承雪口，取走储水器，直接用承雪口和外筒接收降水。观测时，将已有固体降水的外筒用备份的外筒换下，盖上筒盖后，取回室内，待固体降水融化后，用量杯量取。

（3）特殊情况：在炎热干燥的日子，为防止蒸发，降水停止后，要及时观测。在降水较大时，应视降水情况增加人工观测次数，以免降水溢出雨量筒，造成记录失真。

无降水时，降水量栏空白不填。不足 0.05 mm 的降水量记 0.0。纯雾、露、霜、冰针、雾凇、吹雪的量按无降水处理（吹雪量必须量取，供计算蒸发量用）。数据获取方法：记录雨（雪）量器每天 8：00 和 20：00 观测前 12 h 的累计降水量。原始数据观测频率：每日 2 次（8：00、20：00）。

3.4.5.3　数据质量控制和评估

（1）经常保持雨量器清洁，每次巡视仪器时，注意清除承水器、储水瓶内的杂物。定期检查雨量器的高度、水平，发现不符合要求时应及时纠正，如外筒有漏水现象，应及时修理或撤换。

（2）降水量的日总量由该日降水量各时值累加获得。一日中定时记录缺测 1 次，另一定时记录未缺测时，按实有记录做日合计，全天缺测时不做日合计。

（3）月累计降水量由日总量累加而得。一月中降水量缺测 7 d 及以上时，该月不做月合计，按缺测处理。

3.4.5.4 数据价值/数据使用方法和建议

大兴安岭地区的降水主要集中在 6—8 月，其余时段基本无降水。大兴安岭生态站 2009—2015 年的降水数据完整，具有较高的利用价值：降水的时空变化数据可为该地区预防自然灾害、研究气候变化等提供重要依据。

本数据集可通过内蒙古大兴安岭森林生态系统国家野外科学观测研究站网络（http：//dxf. cern. ac. cn/）获取。登录首页后点击"资源服务"下的数据服务，在数据资源搜索框输入气象等字段进行查询、申请和下载数据。该数据集的数据格式为 Excel，用户使用时应注意数据的单位。

3.4.5.5 数据

表 3-76、表 3-77、表 3-78、表 3-79 中为 2009—2015 年降水观测数据。

表 3-76　2009—2010 年降水观测数据

时间（年-月）	降水（mm）	有效数据（条）	时间（年-月）	降水（mm）	有效数据（条）
2009 - 01	0.0	1 488	2010 - 01	0.0	1 488
2009 - 02	0.0	1 344	2010 - 02	0.0	1 344
2009 - 03	0.0	1 488	2010 - 03	0.0	1 488
2009 - 04	0.0	1 440	2010 - 04	0.0	1 440
2009 - 05	0.0	1 488	2010 - 05	0.0	1 488
2009 - 06	129.6	1 440	2010 - 06	25.7	1 440
2009 - 07	110.6	1 488	2010 - 07	88.9	1 488
2009 - 08	171.3	1 488	2010 - 08	124.2	1 488
2009 - 09	0.0	1 440	2010 - 09	0.0	1 440
2009 - 10	0.0	1 488	2010 - 10	0.0	1 488
2009 - 11	0.0	1 440	2010 - 11	0.0	1 440
2009 - 12	0.0	1 488	2010 - 12	0.0	1 488

表 3-77　2011 年降水观测数据

时间（年-月）	降水（mm）	有效数据（条）	时间（年-月）	降水（mm）	有效数据（条）
2011 - 01	0.0	1 488	2011 - 07	189.2	1 488
2011 - 02	0.0	1 344	2011 - 08	109.7	1 488
2011 - 03	0.0	1 488	2011 - 09	0.0	1 440
2011 - 04	0.0	1 440	2011 - 10	0.0	1 488
2011 - 05	0.0	1 488	2011 - 11	0.0	1 440
2011 - 06	67.5	1 440	2011 - 12	0.0	1 488

表 3-78　2012—2013 年降水观测数据

时间（年-月）	降水（mm）	有效数据（条）	时间（年-月）	降水（mm）	有效数据（条）
2012 - 01	3.0	1 488	2012 - 04	7.1	1 440
2012 - 02	4.3	1 392	2012 - 05	55.2	1 488
2012 - 03	8.5	1 488	2012 - 06	117.8	1 440

（续）

时间（年-月）	降水（mm）	有效数据（条）	时间（年-月）	降水（mm）	有效数据（条）
2012 - 07	74.2	1 488	2013 - 04	29.4	1 440
2012 - 08	89.2	1 488	2013 - 05	85.8	1 488
2012 - 09	47.0	1 440	2013 - 06	139.2	1 440
2012 - 10	3.8	1 488	2013 - 07	380.7	1 488
2012 - 11	9.1	1 440	2013 - 08	122.6	1 488
2012 - 12	6.6	1 488	2013 - 09	56.8	1 440
2013 - 01	7.0	1 488	2013 - 10	6.4	1 488
2013 - 02	5.8	1 344	2013 - 11	9.1	1 440
2013 - 03	5.5	1 488	2013 - 12	4.3	1 488

表 3 - 79　2014—2015 年降水观测数据

时间（年-月）	降水（mm）	有效数据（条）	时间（年-月）	降水（mm）	有效数据（条）
2014 - 01	1.2	1 488	2015 - 01	0.9	1 488
2014 - 02	1.7	1 344	2015 - 02	0.5	1 344
2014 - 03	0.6	1 488	2015 - 03	0.0	1 488
2014 - 04	1.4	1 440	2015 - 04	17.8	1 440
2014 - 05	53.8	1 488	2015 - 05	47.2	1 488
2014 - 06	119.9	1 440	2015 - 06	80.6	1 440
2014 - 07	102.4	1 488	2015 - 07	97.3	1 488
2014 - 08	94.3	1 488	2015 - 08	101.1	1 488
2014 - 09	48.6	1 440	2015 - 09	30.4	1 440
2014 - 10	18.6	1 488	2015 - 10	12.0	1 488
2014 - 11	8.5	1 440	2015 - 11	1.6	1 440
2014 - 12	2.4	1 488	2015 - 12	6.3	1 488

3.4.6　太阳辐射

3.4.6.1　概述

大兴安岭生态站的辐射测量，包括太阳辐射与地球辐射两部分。本数据集包括 2009—2015 年的数据，采集地位于大兴安岭北部根河林业局潮查林场境内（121°30′39″E，50°56′23″N，海拔高度815 m），数据使用：总辐射（CM11，Campbell，USA）、净辐射（CNR - 1，Campbell，USA）、光合有效辐射（PAR - LITE，Campbell，USA）。采样频率为 0.5 Hz，通过数据采集器 CR1000 在线计算并存储 30 min 统计数据。

3.4.6.2　数据采集及处理方法

数据采集由 CR1000 完成，控制测量、运算及数据存储。太阳辐射使用［总辐射（CM11，Campbell，USA）、净辐射（CNR - 1，Campbell，USA）、光合有效辐射（PAR - LITE，Campbell，USA）］进行观测。每 10 s 采测 1 次，每分钟采测 6 次辐照度（瞬时值），去除 1 个最大值和 1 个最小值后取平均值。整点（地方平均太阳时）采集存储辐照度，同时计存储曝辐量（累积值）。观测层次：距地面 1.5 m 处。

3.4.6.3 数据质量控制和评估

辐射仪器注意事项：

（1）仪器是否水平，感应面与玻璃罩是否完好，仪器是否清洁，玻璃罩有尘土、霜、雾、雪和雨滴等时，应用镜头刷及时清除干净，注意不要划伤或磨损玻璃。

（2）玻璃罩不能进水，罩内也不应有水汽凝结物。检查干燥器内硅胶是否变潮（由蓝色变成红色或白色），及时更换硅胶。受潮的硅胶可在烘箱内烤干，待变回蓝色后再使用。

（3）总辐射表防水性能较好，一般短时间或降水较小时可以不加盖。但降大雨（雪、冰雹等）或较长时间的雨雪时，为保护仪器，观测员应根据具体情况及时加盖，雨停后即把盖打开。如遇强雷暴等恶劣天气，也要加盖并加强巡视，以便发现问题并及时处理。

数据质量控制：

（1）总辐射最大值不能超过气候学界限值 2 000 W/m²。

（2）小时总辐射量大于等于小时净辐射；除阴天、雨天和雪天外总辐射一般在中午前后出现极大值。

（3）小时总辐射累积值应小于同一地理位置大气层顶的辐射总量，小时总辐射累积值可以稍微大于同一地理位置在大气具有很大透过率和非常晴朗天空状态下的小时总辐射累积值，所有夜间观测的小时总辐射累积值小于 0 时用 0 代替。

3.4.6.4 数据价值/数据使用方法和建议

本数据集可通过内蒙古大兴安岭森林生态系统国家野外科学观测研究站网络（http：//dxf. cern. ac. cn/）获取。登录首页后点击"资源服务"下的数据服务，在数据资源搜索框输入气象等字段进行查询、申请和下载数据。该数据集的数据格式为 Excel，用户使用时应注意数据的单位。

3.4.6.5 数据

表 3-80、表 3-81、表 3-82、表 3-83 中为 2009—2015 年辐射观测数据。

表 3-80 2009—2010 年太阳总辐射观测数据

时间（年-月）	总辐射量（W/m²）	有效数据（条）	时间（年-月）	总辐射量（W/m²）	有效数据（条）
2009 - 01	—	0	2010 - 01	100.42	1 488
2009 - 02	—	0	2010 - 02	175.69	1 344
2009 - 03	—	0	2010 - 03	231.82	1 488
2009 - 04	—	0	2010 - 04	253.96	1 440
2009 - 05	—	0	2010 - 05	277.89	1 488
2009 - 06	—	0	2010 - 06	326.94	1 440
2009 - 07	—	0	2010 - 07	263.19	1 488
2009 - 08	215.93	960	2010 - 08	233.22	1 488
2009 - 09	212.85	1 440	2010 - 09	235.17	1 440
2009 - 10	181.56	1 488	2010 - 10	174.28	1 488
2009 - 11	133.01	1 440	2010 - 11	121.81	1 440
2009 - 12	93.00	1 488	2010 - 12	90.84	1 488

表 3-81 2011—2012 年太阳总辐射观测数据

时间（年-月）	总辐射量（W/m²）	有效数据（条）	时间（年-月）	总辐射量（W/m²）	有效数据（条）
2011 - 01	120.05	1 488	2011 - 02	180.00	1 344

(续)

时间（年-月）	总辐射量（W/m²）	有效数据（条）	时间（年-月）	总辐射量（W/m²）	有效数据（条）
2011 - 03	232.94	1 488	2012 - 02	165.63	1 392
2011 - 04	267.32	1 440	2012 - 03	225.84	1 488
2011 - 05	270.84	1 488	2012 - 04	246.75	1 440
2011 - 06	296.89	1 440	2012 - 05	271.03	1 488
2011 - 07	275.35	1 488	2012 - 06	266.84	1 440
2011 - 08	255.96	1 488	2012 - 07	287.50	1 488
2011 - 09	221.11	1 440	2012 - 08	249.64	1 488
2011 - 10	186.54	1 488	2012 - 09	221.21	1 440
2011 - 11	125.32	1 440	2012 - 10	169.83	1 488
2011 - 12	127.91	1 488	2012 - 11	111.25	1 440
2012 - 01	119.70	1 488	2012 - 12	102.26	1 488

表 3 - 82　2013—2014 年太阳总辐射观测数据

时间（年-月）	总辐射量（W/m²）	有效数据（条）	时间（年-月）	总辐射量（W/m²）	有效数据（条）
2013 - 01	123.84	1 488	2014 - 01	112.56	1 488
2013 - 02	173.00	1 344	2014 - 02	178.37	1 344
2013 - 03	229.18	1 488	2014 - 03	232.15	1 488
2013 - 04	257.01	1 440	2014 - 04	276.61	1 440
2013 - 05	254.01	1 488	2014 - 05	254.16	1 488
2013 - 06	282.42	1 440	2014 - 06	290.48	1 440
2013 - 07	248.17	1 488	2014 - 07	265.95	1 488
2013 - 08	220.73	1 488	2014 - 08	246.20	1 488
2013 - 09	210.48	1 440	2014 - 09	226.88	1 440
2013 - 10	170.02	1 488	2014 - 10	183.11	1 488
2013 - 11	131.37	1 440	2014 - 11	138.49	1 440
2013 - 12	124.16	1 488	2014 - 12	113.32	1 488

表 3 - 83　2015 年太阳总辐射观测数据

时间（年-月）	总辐射量（W/m²）	有效数据（条）	时间（年-月）	总辐射量（W/m²）	有效数据（条）
2015 - 01	140.90	1 488	2015 - 07	140.58	1 488
2015 - 02	177.14	1 344	2015 - 08	220.38	1 344
2015 - 03	232.17	1 488	2015 - 09	204.80	1 488
2015 - 04	235.97	1 440	2015 - 10	159.63	1 440
2015 - 05	248.77	1 488	2015 - 11	124.47	1 488
2015 - 06	164.51	1 488	2015 - 12	96.63	1 488

3.4.7　风速

3.4.7.1　概述

风速是指空气相对于地球某一固定地点的运动速率，单位为 m/s。本数据集包括 2009—2015 年的数据，采集地位于大兴安岭北部根河林业局潮查林场境内（121°30′39″E，50°56′23″N，海拔高度815 m），数据使用风速仪（A100 R，Campbell，USA）观测，安装高度为 10 m。上述数据采样频率为 0.5 Hz，通过数据采集器 CR1000 在线计算并存储 30 min 统计数据。

3.4.7.2　数据采集及处理方法

数据采集由 CR1000 完成，控制测量、运算及数据存储。风速使用风速仪（A100R，Campbell，USA）观测。

LoggerNet 软件是用于连接数据采集器的软件，采集后的原始数据使用该软件进行转置，最终导入 Excel 中，处理后得到气温每小时的观测数据，以此数据作为气象数据的 0 级数据。

3.4.7.3　数据质量控制和评估

（1）在观测过程中，针对观测仪器、天气影响等导致的数据异常问题，需要对数据进行剔除和插补，对 0 级数据采用拉依达法［当试验次数较多时，可简单地用 3 倍标准偏差（3S）作为确定可疑数据取舍的标准。由于该方法是以 3 倍标准偏差作为判别标准，所以亦称 3 倍标准偏差法，简称 3S 法］进行异常值的剔除，并且对超出范围的异常值进行标注，筛选出异常值之后的观测数据为 1 级气象观测数据（李光强，2009；肖明耀，1985；张腾飞，2007）。

（2）采用"平均值法"对于异常值和缺测的数据进行插补采用前 3 d 的同一时刻和后 3 d 的同一时刻的平均值，或者前 3 h 和后 3 h 的平均值进行数据插补（金勇进，2001）。插补后的观测数据为 2 级气象观测数据。

3.4.7.4　数据价值/数据使用方法和建议

了解大兴安岭北部地区的风速，有利于了解风速和风向变化并掌握其变化规律，便于更好地利用风能。本数据集可通过内蒙古大兴安岭森林生态系统国家野外科学观测研究站网络（http：//dxf. cern. ac. cn/）获取。登录首页后点击"资源服务"下的数据服务，在数据资源搜索框输入气象等字段进行查询、申请和下载数据。该数据集的数据格式为 Excel，用户使用时应注意数据的单位。

3.4.7.5　数据

表 3-84、表 3-85、表 3-86、表 3-87 中为 2009—2015 年风速观测数据。

表 3-84　2009—2010 年风速观测数据

时间（年-月）	风速（m/s）	有效数据（条）	时间（年-月）	风速（m/s）	有效数据（条）
2009 - 01	—	0	2009 - 11	3.53	1 440
2009 - 02	—	0	2009 - 12	3.40	1 488
2009 - 03	—	0	2010 - 01	0.85	1 488
2009 - 04	—	0	2010 - 02	0.96	1 344
2009 - 05	—	0	2010 - 03	1.29	1 488
2009 - 06	—	0	2010 - 04	1.71	1 440
2009 - 07	—	0	2010 - 05	1.48	1 488
2009 - 08	1.66	1 008	2010 - 06	0.96	1 440
2009 - 09	2.31	1 440	2010 - 07	0.84	1 488
2009 - 10	3.97	1 488	2010 - 08	0.79	1 488

（续）

时间（年-月）	风速（m/s）	有效数据（条）	时间（年-月）	风速（m/s）	有效数据（条）
2010 - 09	1.02	1 440	2010 - 11	0.88	1 440
2010 - 10	1.14	1 488	2010 - 12	0.73	1 488

表 3 - 85　2011—2012 年风速观测数据

时间（年-月）	风速（m/s）	有效数据（条）	时间（年-月）	风速（m/s）	有效数据（条）
2011 - 01	1.50	1 488	2012 - 01	1.30	1 488
2011 - 02	2.30	1 344	2012 - 02	2.09	1 392
2011 - 03	2.74	1 488	2012 - 03	2.63	1 488
2011 - 04	3.16	1 440	2012 - 04	3.51	1 440
2011 - 05	2.97	1 488	2012 - 05	3.53	1 488
2011 - 06	2.42	1 440	2012 - 06	2.41	1 440
2011 - 07	2.33	1 488	2012 - 07	2.11	1 488
2011 - 08	2.02	1 488	2012 - 08	2.25	1 488
2011 - 09	2.44	1 440	2012 - 09	2.48	1 440
2011 - 10	2.57	1 488	2012 - 10	2.35	1 488
2011 - 11	1.93	1 440	2012 - 11	1.66	1 440
2011 - 12	1.41	1 488	2012 - 12	1.54	1 488

表 3 - 86　2013—2014 年风速观测数据

时间（年-月）	风速（m/s）	有效数据（条）	时间（年-月）	风速（m/s）	有效数据（条）
2013 - 01	1.62	1 488	2014 - 01	1.65	1 488
2013 - 02	1.93	1 344	2014 - 02	1.65	1 344
2013 - 03	2.85	1 488	2014 - 03	2.33	1 488
2013 - 04	3.34	1 440	2014 - 04	2.88	1 440
2013 - 05	3.15	1 488	2014 - 05	2.95	1 488
2013 - 06	2.21	1 440	2014 - 06	2.28	1 440
2013 - 07	2.19	1 488	2014 - 07	2.28	1 488
2013 - 08	2.29	1 488	2014 - 08	1.96	1 488
2013 - 09	2.55	1 440	2014 - 09	2.47	1 440
2013 - 10	2.43	1 488	2014 - 10	2.29	1 488
2013 - 11	2.09	1 440	2014 - 11	2.09	1 440
2013 - 12	1.54	1 488	2014 - 12	1.71	1 488

表 3 - 87　2015 年风速观测数据

时间（年-月）	风速（m/s）	有效数据（条）	时间（年-月）	风速（m/s）	有效数据（条）
2015 - 01	1.52	1 488	2015 - 07	2.29	1 488
2015 - 02	2.24	1 344	2015 - 08	2.03	1 488
2015 - 03	2.67	1 488	2015 - 09	2.16	1 440
2015 - 04	3.44	1 440	2015 - 10	3.13	1 488
2015 - 05	3.04	1 488	2015 - 11	1.64	1 440
2015 - 06	2.57	1 440	2015 - 12	1.64	1 488

第4章

台站特色研究数据
（2010—2015 年内蒙古大兴安岭
不同干扰方式林型冻土数据集）

4.1 概述

冻土是地球冰冻圈系统的主要组成部分，冻土的存在、分布以及水、热、质状态受到多种因素的影响，并且有显著的时间和空间变化。冻土可分为季节冻土和多年冻土，多年冻土又可分为高海拔多年冻土和高纬度多年冻土（Perma et al.，1988；Chang et al.，2012）。

大兴安岭林区位于我国东北部，气候寒冷，是我国多年冻土发育的主要地区之一（常晓丽等，2001；张秋良等，2014）。受全球气候变暖及人为活动的影响，大兴安岭林区的生境发生了一定的变化，冻土范围正在减小，出现岛屿化，可能造成以兴安落叶松为主的明亮针叶林的北移（郭占荣等，2002；牛兆君等，2009；常晓丽等，2011）。

目前，国内关于冻土的研究较多，但对于不同经营方式下冻土的变化特征的研究还较少，缺乏长期连续的观测和对比试验研究。针对此情况，内蒙古大兴安岭森林生态系统国家野外科学观测研究站选取原始林、渐伐更新林、皆伐更新林3种不同经营方式的林分设置冻土观测点，建立冻土长期观测试验场对冻土数据进行连续观测。

通过对大兴安岭林区冻土样点的野外原位观测，为大兴安岭林区冻土的研究提供了数据支撑，掌握了兴安落叶松林区冻土在气候变化及不同经营方式下的活动状态，并通过对比实验分析植被与冻土的依存关系，探明多年冻土的分布规律、发育状况及影响因子，为进一步研究提供了重要的依据。

4.2 数据采集和处理方法

2009年8月在内蒙古大兴安岭森林生态系统野外科学观测研究站实验区，按照不同干扰方式分别在原始林、渐伐更新林、皆伐更新林钻取3个冻土观测井（至基岩层），在冻土井的不同深度处安装了电阻式温度计，该仪器由中国科学院寒区旱区环境与工程研究所冻土国家重点实验室研制，量程为$-30\sim30$ ℃，精度为±0.05 ℃，$30\sim50$ ℃或者$-45\sim20$ ℃时，精度为±0.1 ℃，具体安装布设见表4-1。

2010年4月至2015年12月，每月1日的9：00—11：00进行数据采集。其中原始林冻土观测井井深为6.13 m，渐伐更新林冻土观测井井深为5.23 m，皆伐更新林冻土观测井井深为12.20 m。

表 4-1　冻土观测井基本情况

类型	原始林	渐伐更新林	皆伐更新林
探头深度（m）	0.0	0.0	0.0
	0.2	0.2	0.2
	0.4	0.4	0.4
	0.8	0.8	0.8
	1.2	1.2	1.2
	1.6	1.6	1.6
	2.5	2.5	2.5
	3.0	3.0	3.0
	3.5	3.5	3.5
	4.0	4.5	4.0
	4.5	5.0	5.0
	5.0		6.0
	5.5		7.0
	6.0		8.0
			9.0
			10.0
			11.0
			12.0

根据测得的原始电阻数据（单位：Ω），采用以下公式进行计算得到温度值：

$$T = c \cdot \left[\frac{b}{ln\ (R_1 - R_2)\ - a} - 273.16\right]^2 + d\left[\frac{b}{ln\ (R_1 - R_2)\ - a} - 273.16\right] + e$$

式中：T 为冻土温度，R_1 为电阻观测值，R_2 为导线电阻值，a、b、c、d、e 为常数，其值因传感器不同而不同，具体见表 4-2 至表 4-4。

表 4-2　原始林冻土井数据转换相关系数

传感器	a	b	c	d	e	长度（m）	导线电阻（R_2）
1	−2.813 385 2	2 910.227 999 1	−0.000 433 2	0.999 984 8	0.390 817 2	1.70	0.44
2	−2.903 380 2	2 924.637 647 7	−0.000 437 2	0.999 984 7	0.394 385 7	1.90	0.50
3	−3.117 676 1	2 959.260 548 4	−0.000 421 5	0.999 985 2	0.380 265 4	2.30	0.54
4	−2.968 201 3	2 958.838 563 2	−0.000 433 5	0.999 984 8	0.391 046 4	2.70	0.63
5	−2.965 264 4	2 929.729 395 3	−0.000 423 9	0.999 985 2	0.382 380 1	3.10	0.72
6	−3.098 754 0	2 952.693 095 0	−0.000 416 7	0.999 985 4	0.375 882 1	3.50	0.74
7	−3.057 775 0	2 956.990 379 8	−0.000 438 5	0.999 984 6	0.395 562 9	4.00	0.79
8	−3.056 245 2	2 962.539 095 1	−0.000 439 0	0.999 984 6	0.396 013 8	4.50	0.82
9	−3.011 137 6	2 951.388 606 1	−0.000 416 4	0.999 985 4	0.375 608 0	5.00	0.90
10	−2.997 316 9	2 962.512 499 5	−0.000 416 4	0.999 985 4	0.375 670 9	5.50	0.94
11	−2.897 674 7	2 918.769 729 4	−0.000 367 7	0.999 987 1	0.331 745 6	6.00	1.04
12	−2.956 271 6	2 913.313 699 1	−0.000 365 9	0.999 987 2	0.330 042 0	6.50	1.19

（续）

传感器	a	b	c	d	e	长度（m）	导线电阻（R_2）
13	−3.045 954 6	2 962.344 962 7	−0.000 415 3	0.999 985 5	0.374 650 1	7.00	1.17
14	−3.043 663 3	2 957.841 305 1	−0.000 422 5	0.999 985 2	0.381 110 9	7.50	1.25

表 4-3　渐伐更新林冻土井数据转换相关系数

传感器	a	b	c	d	e	长度（m）	导线电阻（R_2）
1	−3.057 838 8	2 950.799 020 1	−0.000 408 6	0.999 985 7	0.368 616 3	1.20	0.24
2	−2.964 500 5	2 947.144 576 7	−0.000 411 1	0.999 985 6	0.370 829 1	1.40	0.33
3	−3.004 527 7	2 951.201 370 4	−0.000 456 8	0.999 984 0	0.412 060 8	1.80	0.39
4	−2.935 174 1	2 921.614 467 7	−0.000 423 7	0.999 985 2	0.382 242 9	2.20	0.46
5	−2.999 852 7	2 934.364 573 2	−0.000 415 7	0.999 985 4	0.374 972 9	2.60	0.52
6	−2.984 058 3	2 929.880 854 6	−0.000 431 3	0.999 984 9	0.389 118 8	3.00	0.60
7	−3.035 946 6	2 956.495 235 4	−0.000 460 1	0.999 983 9	0.415 083 1	3.50	0.69
8	−2.992 025 8	2 960.977 632 3	−0.000 410 8	0.999 985 6	0.370 557 7	4.00	0.74
9	−2.993 911 2	2 950.292 344 9	−0.000 452 0	0.999 984 2	0.407 794 8	4.50	0.81
10	−3.026 027 7	2 954.771 075 4	−0.000 409 8	0.999 985 7	0.369 662 7	5.00	0.86
11	−2.986 982 7	2 947.904 043 3	−0.000 490 9	0.999 982 8	0.442 815 1	6.00	1.06

表 4-4　皆伐更新林冻土井数据转换相关系数

传感器	a	b	c	d	e	长度（m）	导线电阻（R_2）
1	−2.813 209 4	2 918.052 517 0	−0.000 419 8	0.999 985 3	0.378 730 7	0.70	0.36
2	−2.861 532 8	2 923.211 074 2	−0.000 422 5	0.999 985 2	0.381 147 8	0.90	0.34
3	−3.001 889 5	2 929.287 724 2	−0.000 431 4	0.999 984 9	0.389 189 7	1.30	0.42
4	−3.065 695 8	2 952.376 548 8	−0.000 416 4	0.999 985 4	0.375 672 3	1.70	0.48
5	−2.927 986 0	2 940.764 669 4	−0.000 478 3	0.999 983 3	0.431 450 0	2.10	0.49
6	−2.916 431 4	2 928.522 983 0	−0.000 463 6	0.999 983 8	0.418 182 3	2.50	0.52
7	−2.921 096 6	2 927.964 849 3	−0.000 455 2	0.999 984 1	0.410 670 5	3.00	0.61
8	−3.080 257 2	2 966.604 876 6	−0.000 510 2	0.999 982 1	0.460 257 5	3.50	0.72
9	−3.005 737 9	2 945.900 582 6	−0.000 411 2	0.999 985 6	0.370 964 8	4.00	0.68
10	−3.053 533 7	2 944.828 554 3	−0.000 489 2	0.999 982 9	0.441 304 1	4.50	0.67
11	−2.997 866 8	2 946.123 564 2	−0.000 479 2	0.999 983 2	0.432 296 2	5.50	0.96
12	−2.991 603 0	2 943.748 445 1	−0.000 474 5	0.999 983 4	0.428 019 6	6.50	0.99
13	−2.808 380 4	2 915.485 105 0	−0.000 423 5	0.999 985 2	0.382 000 6	7.50	1.23
14	−2.980 389 7	2 929.073 078 8	−0.000 421 1	0.999 985 3	0.379 838 2	8.50	1.35
15	−3.058 764 1	2 952.872 497 6	−0.000 497 4	0.999 982 6	0.448 735 0	9.50	1.75
16	−3.039 185 6	2 952.065 872 2	−0.000 415 4	0.999 985 5	0.374 701 0	10.50	1.71
17	−2.974 843 3	2 943.827 541 4	−0.000 414 2	0.999 985 5	0.373 612 6	11.50	1.90
18	−2.862 558 0	2 922.694 301 5	−0.000 415 0	0.999 985 5	0.374 368 9	12.50	1.95

4.3 数据质量控制和评估

数据采集前的数据质量控制：观测之前，对参与观测的人员进行技术培训，尽可能地减少人为误差。

数据采集过程中的数据质量控制：在规定的时间段内（每月 1 日的 9：00—11：00）完成数据采集工作；数据采集时对各个深度的数据进行初步筛查，如发现异常值，排除故障重新采集数据；一组数据采集完成后，间隔 5 min 再采集两组数据进行重复比对。

数据采集完成后的数据质量控制：对每个样点的 3 组数据做均值及标准差计算，如第一组数据在正负一倍标准偏差范围内，则把第一组数据作为最终采集数据，若第一组数据不合格，则依次比对第二组、第三组数据作为最终的采集数据。

4.4 数据使用方法和建议

本数据集可通过内蒙古大兴安岭森林生态系统国家野外科学观测研究站（http：//dxf. cern. ac. cn/）获取，登录首页后点"资源服务"下的数据服务，在数据资源搜索框中输入冻土等字段进行查询下载。

4.5 不同干扰方式林型冻土数据

表 4 - 5 至表 4 - 10 中为原始林 2010—2015 年的原始林冻土地温，表 4 - 11 至表 4 - 16 中为渐伐更新林 2010—2015 年的冻土地温，表 4 - 17 至表 4 - 22 中为皆伐更新林 2010—2015 年的冻土地温。

表 4 - 5 2010 年原始林冻土地温

深度（m）	各月冻土地温（℃）											
	1 月	2 月	3 月	4 月	5 月	6 月	7 月	8 月	9 月	10 月	11 月	12 月
0.0	—	—	—	−8.54	−1.36	1.20	7.51	8.25	7.35	1.66	−0.30	−4.16
0.2	—	—	—	−9.59	−2.55	−0.72	2.14	4.41	4.49	1.29	−0.03	−1.62
0.4	—	—	—	−9.88	−4.53	−1.79	−0.94	−0.02	0.54	0.27	−0.02	−0.11
0.8	—	—	—	−8.64	−5.60	−2.31	−1.55	−0.88	−0.49	−0.35	−0.29	−0.28
1.2	—	—	—	−8.83	−6.23	−2.67	−1.94	−1.34	−0.91	−0.73	−0.60	−0.55
1.6	—	—	—	−8.30	−6.57	−2.93	−2.24	−1.70	−1.25	−1.12	−0.88	−0.80
2.5	—	—	—	−7.66	−6.66	−3.12	−2.51	−2.03	−1.59	−1.37	−1.18	−1.08
3.0	—	—	—	−6.77	−6.58	−3.21	−2.70	−2.30	−1.88	−1.66	−1.42	−1.34
3.5	—	—	—	−6.36	−6.15	−3.22	−2.83	−2.49	−2.11	−1.62	−1.68	−1.58
4.0	—	—	—	−5.44	−5.73	−3.19	−2.91	−2.63	−2.30	−2.10	−1.89	−1.78
4.5	—	—	—	−4.93	−5.36	−3.16	−2.98	−2.77	−2.38	−2.30	−2.09	−1.98
5.0	—	—	—	−4.61	−3.96	−3.07	−2.98	−2.82	−2.58	−2.41	−2.36	−2.11
5.5	—	—	—	−4.10	−4.60	−2.96	−2.94	−2.83	−2.63	−2.49	−2.31	−2.20
6.0	—	—	—	−3.75	−4.10	−2.92	−2.89	−2.86	−3.25	−2.55	−2.39	−2.27

表 4-6　2011 年原始林冻土地温

深度（m）	各月冻土地温（℃）											
	1 月	2 月	3 月	4 月	5 月	6 月	7 月	8 月	9 月	10 月	11 月	12 月
0.0	−4.40	−12.54	−11.57	−6.52	−1.03	1.23	5.57	5.55	5.35	0.97	0.05	−2.56
0.2	−2.91	−10.22	−10.80	−7.50	−2.09	−0.22	1.16	3.18	3.63	0.95	0.05	−0.57
0.4	−0.60	−6.36	−9.06	−8.19	−3.56	−1.74	−1.12	−0.36	0.48	0.20	−0.01	−0.07
0.8	−0.31	−4.01	−7.17	−7.83	−4.30	−2.41	−1.74	−1.17	−0.58	−0.40	−0.35	−1.15
1.2	−0.52	−2.69	−5.85	−7.16	−4.71	−2.87	−2.16	−1.63	−1.05	−0.81	−0.71	−0.62
1.6	−0.75	−1.91	−4.78	−6.42	−4.91	−3.22	−2.50	−2.00	−1.44	−1.16	−1.04	−0.90
2.5	−1.00	−1.53	−3.66	−5.60	−4.92	−3.50	−2.81	−2.34	−1.82	−1.53	−1.38	−1.20
3.0	−1.26	−1.44	−2.90	−4.84	−4.74	−3.68	−3.06	−2.62	−2.14	−1.85	−1.69	−1.48
3.5	−1.46	−1.50	−2.39	−4.19	−4.47	−3.80	−3.22	−2.83	−2.39	−2.11	−1.95	−1.73
4.0	−1.65	−1.62	−2.30	−3.67	−4.17	−3.75	−3.33	−2.99	−2.60	−2.34	−2.18	−1.95
4.5	−1.86	−1.79	−2.17	−3.30	−3.91	−3.74	−3.43	−3.13	−2.79	−2.55	−2.40	−2.16
5.0	−1.98	−1.90	−2.05	−3.00	1.78	−3.65	−3.44	−2.59	−2.89	−2.68	−2.54	−2.31
5.5	−2.08	−2.00	−1.95	−2.78	−3.37	−3.53	−3.40	−3.20	−2.95	−2.75	−2.63	−2.41
6.0	−2.15	−2.08	−2.05	−2.67	−3.23	−3.46	−3.37	−3.21	−2.99	−2.82	−2.70	−2.49

表 4-7　2012 年原始林冻土地温

深度（m）	各月冻土地温（℃）											
	1 月	2 月	3 月	4 月	5 月	6 月	7 月	8 月	9 月	10 月	11 月	12 月
0.0	−10.28	−16.55	−17.63	−11.95	−0.42	0.18	2.11	5.78	4.59	1.59	−0.64	−4.20
0.2	−6.55	−14.78	−16.36	−12.04	−1.29	−1.13	−0.17	1.95	2.44	0.84	−0.05	−1.29
0.4	−1.31	−11.94	−13.91	−11.94	−4.14	−2.67	−1.75	15.07	−0.22	−0.04	−0.11	−0.20
0.8	−0.75	−8.54	−12.03	−11.44	−5.70	−3.58	−2.51	17.81	−1.04	−0.66	−0.53	−0.49
1.2	−0.66	−6.67	−10.30	−10.61	−6.49	−4.24	−3.07	−2.18	−1.57	−3.62	−0.93	−0.83
1.6	−0.85	−4.54	−8.71	−9.67	−6.89	−4.75	−3.54	−2.63	−2.03	−1.57	−1.30	−1.15
2.5	−1.11	−4.03	−7.09	−7.97	−6.45	−4.58	−3.42	−2.51	−1.93	−1.45	−1.14	−0.96
3.0	−1.39	−2.89	−5.79	−7.41	−6.81	−5.34	−4.28	−3.41	−2.86	−2.38	−2.05	−1.84
3.5	−1.63	−2.51	−4.75	−6.39	−6.08	−5.38	−4.47	−3.67	−3.16	−2.70	−2.36	−2.13
4.0	−1.84	−2.24	−3.97	−5.53	−5.38	−5.32	−4.58	−3.87	−3.40	−2.97	−2.63	−2.39
4.5	−2.05	−2.25	−3.46	−4.86	−4.87	−5.22	−4.65	−4.03	−4.27	−3.21	−2.88	−2.64
5.0	−2.18	−2.26	−3.08	−4.27	−3.80	−5.04	−4.62	−4.09	−3.74	−3.36	−3.04	−2.81
5.5	−2.27	−2.28	−2.83	−3.82	−3.77	−4.80	−4.08	−4.10	−3.78	−3.45	−3.16	−2.93
6.0	−2.38	−2.31	−2.72	−3.57	−3.45	−4.63	−4.45	−4.10	−3.82	−3.52	−3.24	−3.02

表 4-8　2013 年原始林冻土地温

深度（m）	各月冻土地温（℃）											
	1 月	2 月	3 月	4 月	5 月	6 月	7 月	8 月	9 月	10 月	11 月	12 月
0.0	−16.33	−16.31	−16.30	−12.61	−1.37	−0.63	0.82	7.09	7.17	1.77	−0.50	−4.14
0.2	−14.29	−14.45	−15.60	−12.42	−3.10	−1.69	−0.69	4.23	4.36	1.39	−0.15	−1.63
0.4	−9.69	−12.78	−13.87	−12.02	−5.37	−3.21	−2.02	0.05	−0.38	0.19	−0.15	−0.10

（续）

深度（m）	各月冻土地温（℃）											
	1月	2月	3月	4月	5月	6月	7月	8月	9月	10月	11月	12月
0.8	−7.58	−9.87	−12.27	−11.48	−6.51	−4.12	−2.80	−0.85	−0.57	−0.26	−0.38	−0.25
1.2	−5.51	−8.68	−10.63	−10.73	−7.19	−4.82	−3.41	−1.27	−1.04	−0.70	−0.54	−0.55
1.6	−4.08	−6.19	−9.14	−9.92	−7.55	−5.35	−3.92	−1.56	−1.46	−1.01	−1.09	−0.79
2.5	−2.56	−5.68	−7.10	−8.42	−7.08	−5.22	−3.84	−1.29	−1.16	−0.84	−0.55	−0.63
3.0	−2.58	−4.33	−6.37	−7.94	−7.74	−5.98	−4.73	−2.27	−2.40	−1.74	−1.65	−1.34
3.5	−2.39	−4.83	−5.42	−7.04	−7.05	−6.02	−4.95	−2.42	−2.43	−1.88	−1.85	−1.59
4.0	−2.37	−3.59	−4.66	−6.24	−6.60	−5.95	−5.08	−2.58	−2.46	−1.96	−1.88	−1.88
4.5	−2.47	−2.81	−4.11	−5.62	−6.12	−5.83	−5.16	−2.52	−2.66	−2.24	−1.98	−1.99
5.0	−2.57	−3.39	−3.71	−5.06	−5.73	−5.62	−5.13	−2.57	−2.80	−2.48	−2.11	−2.14
5.5	−2.66	−3.06	−3.43	−4.60	−5.31	−5.36	−5.04	−2.77	−2.80	−2.47	−2.18	−2.28
6.0	−2.75	−3.00	−3.31	−4.33	−5.04	−5.18	−4.96	−2.83	−3.44	−2.62	−2.62	−2.27

表4-9　2014年原始林冻土地温

深度（m）	各月冻土地温（℃）											
	1月	2月	3月	4月	5月	6月	7月	8月	9月	10月	11月	12月
0.0	−4.41	−12.60	−16.18	−4.31	−1.89	−0.77	0.42	4.03	3.82	0.36	−0.16	−2.29
0.2	−3.01	−10.18	−15.00	−5.95	−3.00	−2.05	−1.05	0.83	1.52	0.16	−0.05	−0.70
0.4	−0.90	−6.26	−12.52	−8.74	−4.64	−3.52	−2.32	−1.15	−0.69	−0.49	−0.42	−0.43
0.8	−0.19	−4.13	−10.97	−4.60	−5.59	−4.37	−3.07	−1.84	−1.38	−1.05	−0.86	−0.78
1.2	−0.65	−2.72	−8.94	−8.38	−6.21	−4.97	−3.66	−2.37	−1.89	−1.52	−1.26	−1.13
1.6	−0.76	−2.08	−8.32	−8.42	−6.59	−5.40	−4.14	−2.82	−2.34	−1.94	−1.63	−1.45
2.5	−0.55	−1.16	−5.41	−7.85	−6.21	−5.68	−4.56	−3.25	−2.77	−2.37	−2.00	−1.88
3.0	−1.19	−1.35	−5.07	−7.78	−6.69	−5.79	−4.85	−3.62	−3.16	−2.74	−2.36	−2.14
3.5	−1.47	−1.56	−5.12	−7.04	−6.48	−5.77	−5.02	−3.90	−3.46	−3.06	−2.68	−2.44
4.0	−1.62	−1.69	−3.18	−6.54	−6.18	−5.65	−5.11	−4.11	−3.71	−3.33	−2.96	−2.72
4.5	−1.85	−1.89	−2.10	−5.96	−5.90	−5.53	−5.15	−4.30	−3.93	−3.58	−3.22	−2.97
5.0	−1.89	−1.89	−1.64	−5.39	−5.56	−5.33	−5.10	−4.39	−4.06	−3.75	−3.39	−3.14
5.5	−2.19	−2.08	−2.70	−4.86	−5.22	−5.11	−4.99	−4.42	−4.12	−3.83	−3.50	−3.26
6.0	−2.12	−2.16	−1.22	−4.58	−4.99	−4.95	−4.91	−4.44	−4.17	−3.90	−3.59	−3.36

表4-10　2015年原始林冻土地温

深度（m）	各月冻土地温（℃）											
	1月	2月	3月	4月	5月	6月	7月	8月	9月	10月	11月	12月
0.0	−11.22	−15.93	−11.69	−5.96	−2.06	−0.49	1.51	4.03	6.65	1.76	−0.02	−4.42
0.2	−9.27	−14.68	−11.83	−9.28	−3.22	−1.47	−0.58	0.72	4.67	0.35	−0.02	−2.28
0.4	−6.33	−12.06	−10.76	−8.11	−4.90	−2.72	−1.87	−1.23	−0.47	0.29	−0.38	−0.78
0.8	−4.49	−10.00	−8.64	−6.98	−5.85	−3.52	−2.57	−1.89	−1.31	1.78	−0.83	−0.78
1.2	−3.30	−8.22	−7.35	−6.96	−6.46	−4.14	−3.12	−2.48	−1.27	0.43	−1.22	−1.06
1.6	−2.63	−6.79	−6.79	−6.80	−6.80	−4.62	−3.59	−2.94	−2.17	−1.15	−1.59	−1.37

（续）

深度（m）	各月冻土地温（℃）											
	1月	2月	3月	4月	5月	6月	7月	8月	9月	10月	11月	12月
2.5	−2.32	−5.51	−5.77	−6.64	−6.91	−5.02	−4.02	−3.37	0.53	−0.84	−1.98	−1.70
3.0	−2.30	−4.64	−4.82	−5.70	−6.81	−5.28	−4.36	−3.74	−2.40	−2.50	−2.35	−2.03
3.5	−2.41	−3.97	−6.03	−7.00	−6.56	−5.40	−4.60	−4.01	−0.90	−1.05	−2.67	−2.34
4.0	−2.58	−3.57	−4.22	−5.08	−6.24	−5.43	−4.75	−4.23	−1.68	4.37	−2.95	−2.60
4.5	−2.79	−3.39	−3.54	−4.83	−5.94	−5.42	−4.87	−4.41	−2.55	−2.08	−3.22	−2.85
5.0	−2.95	−3.29	−3.58	−5.24	−5.60	−5.32	−4.89	−4.50	−2.50	−3.38	−3.40	−3.03
5.5	−3.08	−3.23	−3.92	−4.37	−5.26	−5.17	−4.85	−2.27	−2.83	−1.93	−3.51	−3.16
6.0	−3.18	−3.24	−3.33	−3.54	−3.73	−5.06	−4.82	−3.85	−0.49	−2.44	−3.62	−3.27

表 4 - 11　2010 年渐伐更新林冻土地温

深度（m）	各月冻土地温（℃）											
	1月	2月	3月	4月	5月	6月	7月	8月	9月	10月	11月	12月
0.0	—	—	—	−4.39	0.08	8.14	14.55	13.18	12.01	4.22	−1.05	−5.29
0.2	—	—	—	5.74	−0.07	5.02	11.09	11.41	10.48	4.59	−0.19	−3.51
0.4	—	—	—	−4.24	0.00	0.75	7.08	8.07	7.81	4.81	0.76	−1.11
0.8	—	—	—	−3.65	0.01	−0.01	2.73	4.71	5.32	4.54	1.32	0.03
1.2	—	—	—	−2.97	0.01	−0.21	−0.04	2.04	2.94	3.87	1.63	0.39
1.6	—	—	—	−2.28	−0.03	−0.36	−0.25	1.62	2.53	3.47	1.76	0.57
2.5	—	—	—	−1.45	−0.07	−0.36	−0.30	0.07	2.46	3.12	1.84	0.77
3.0	—	—	—	−0.73	−0.39	−0.32	−0.25	−0.14	1.39	2.67	1.76	0.83
3.5	—	—	—	−0.13	−0.23	−0.22	−0.19	−0.12	0.64	2.02	1.63	0.83
4.5	—	—	—	0.08	0.00	−0.10	0.00	−0.07	0.05	1.38	1.39	0.82
5.0	—	—	—	0.04	0.04	0.03	0.03	0.03	0.01	0.29	0.82	0.58

表 4 - 12　2011 年渐伐更新林冻土地温

深度（m）	各月冻土地温（℃）											
	1月	2月	3月	4月	5月	6月	7月	8月	9月	10月	11月	12月
0.0	−6.47	−9.04	−7.89	−2.74	0.06	6.68	14.17	8.30	9.64	21.49	1.10	−4.52
0.2	−4.96	−7.27	−6.47	−3.43	−0.22	4.75	12.15	6.57	9.15	3.99	1.57	−2.14
0.4	−2.57	−4.55	−4.39	−3.09	−0.40	1.16	8.22	4.35	7.49	4.41	2.17	−0.05
0.8	−0.87	−2.50	−2.91	−2.53	−0.37	−0.02	3.64	3.24	4.65	4.15	2.46	0.14
1.2	−0.07	−1.11	−1.75	−1.84	−0.11	−0.16	3.25	3.16	3.66	3.56	2.55	0.76
1.6	0.11	−0.30	−0.86	−1.17	−0.03	−0.22	2.87	3.04	3.53	3.21	2.43	0.90
2.5	−0.42	0.03	−0.53	−2.97	−0.09	−1.04	−0.53	0.27	0.82	2.57	2.38	0.55
3.0	0.33	0.10	0.03	−0.02	−0.10	−0.11	−0.07	0.26	3.17	2.84	2.38	1.09
3.5	0.36	0.12	0.05	0.01	−0.04	−0.02	0.01	0.01	2.51	2.47	2.19	1.09
4.5	0.36	0.13	0.06	0.02	−0.02	0.02	0.03	0.04	1.90	2.08	1.92	1.03
5.0	0.30	0.12	0.07	0.03	−0.02	0.04	0.02	0.04	0.84	1.27	1.29	0.76

表 4-13　2012 年渐伐更新林冻土地温

深度（m）	各月冻土地温（℃）											
	1 月	2 月	3 月	4 月	5 月	6 月	7 月	8 月	9 月	10 月	11 月	12 月
0.0	−10.52	−11.76	−10.67	−6.16	0.45	6.47	12.15	14.43	11.13	4.99	−2.49	−7.10
0.2	−7.61	−9.71	−9.05	−5.77	−0.11	4.58	10.36	12.63	10.12	5.33	−0.51	−4.52
0.4	−3.46	−6.41	−6.41	−4.87	−0.40	1.21	6.70	9.36	8.38	5.52	1.16	−1.44
0.8	−1.03	−3.96	−4.91	−3.81	−0.81	−0.08	4.01	6.09	6.41	5.13	1.93	0.09
1.2	0.08	−1.93	−2.72	−2.83	−0.15	−0.24	3.11	3.27	4.40	4.31	2.29	0.60
1.6	0.26	−0.67	−1.44	−1.92	−0.05	−0.33	−0.11	2.61	3.77	3.91	2.42	0.89
2.5	0.27	−0.05	−0.47	−0.99	−0.47	−0.43	−0.30	−0.64	3.19	3.30	2.32	0.90
3.0	0.54	0.11	0.04	−0.18	−0.28	−0.25	−0.18	0.34	2.56	3.33	2.46	1.31
3.5	0.57	0.16	−0.11	−0.06	−1.76	−0.38	−0.11	−0.17	0.28	2.09	2.26	0.98
4.5	0.59	0.17	−0.50	0.03	0.01	−0.05	−0.07	−0.06	1.06	2.35	2.09	1.29
5.0	0.53	0.20	0.52	0.05	0.04	0.04	0.04	0.03	0.06	1.42	1.55	1.11

表 4-14　2013 年渐伐更新林冻土地温

深度（m）	各月冻土地温（℃）											
	1 月	2 月	3 月	4 月	5 月	6 月	7 月	8 月	9 月	10 月	11 月	12 月
0.0	−11.57	−10.76	−9.44	−6.54	1.79	4.78	12.65	11.48	11.64	4.17	−1.03	−5.30
0.2	−9.47	−9.14	−8.42	−5.74	0.21	2.91	10.66	10.50	10.29	4.47	0.19	−3.52
0.4	−6.57	−6.50	−7.94	−4.90	−0.10	0.58	6.90	7.71	6.83	4.88	1.30	−1.10
0.8	−3.42	−3.95	−4.52	−3.91	−0.17	−0.11	3.96	4.82	5.14	4.78	1.68	0.01
1.2	−1.53	−2.10	−3.02	−3.11	−0.19	−0.30	2.77	2.39	2.03	3.69	2.20	0.39
1.6	−0.38	−0.76	−1.72	−2.29	−0.31	−0.42	1.91	2.13	1.52	3.55	2.12	0.58
2.5	−5.11	−0.19	−0.66	−6.55	−2.11	−0.94	−2.76	1.56	1.49	3.20	2.16	0.77
3.0	0.26	0.13	0.01	−0.64	−0.54	−0.39	−0.26	−0.13	1.36	2.64	1.99	0.82
3.5	0.34	−0.04	0.04	−0.23	−0.92	−0.64	−0.41	0.20	−0.35	1.97	1.74	0.83
4.5	0.33	0.27	0.06	−0.56	−0.37	−0.44	−1.66	−0.08	1.33	1.36	0.55
5.0	0.41	0.31	0.15	0.04	0.03	0.03	0.03	0.15	−0.15	0.40	0.94	0.75

表 4-15　2014 年渐伐更新林冻土地温

深度（m）	各月冻土地温（℃）											
	1 月	2 月	3 月	4 月	5 月	6 月	7 月	8 月	9 月	10 月	11 月	12 月
0.0	−6.45	−8.95	−9.47	−2.42	−6.30	0.93	11.80	12.86	12.97	−8.83	−3.89	−5.15
0.2	−4.82	−7.28	−6.72	−1.92	−5.14	1.03	9.66	11.70	11.58	4.15	−0.27	−3.46
0.4	−2.55	−4.57	−6.75	−3.14	−4.33	0.14	5.77	8.92	7.04	4.09	0.47	−1.49
0.8	−0.86	−2.53	−3.44	−2.02	−2.63	−0.14	2.66	6.61	3.70	3.45	0.86	−0.20
1.2	−0.06	−1.12	−0.14	−2.59	−1.51	−0.37	0.82	3.66	2.85	2.48	1.04	0.06
1.6	0.09	−0.29	−0.85	−0.90	−0.98	−0.31	0.38	2.83	−2.73	2.31	1.09	0.29
2.5	−0.52	−0.02	1.05	−9.91	−8.53	−5.14	−1.10	−2.74	2.08	1.84	0.97	−0.13
3.0	0.32	0.09	1.89	−0.64	−2.57	−1.47	−0.31	−0.02	1.75	1.86	1.17	0.34

（续）

深度（m）	各月冻土地温（℃）											
	1月	2月	3月	4月	5月	6月	7月	8月	9月	10月	11月	12月
3.5	0.26	0.07	2.21	−0.63	−2.24	−1.56	−0.85	−0.13	0.27	1.51	1.11	0.49
4.5	0.33	0.02	1.79	−0.49	−3.19	−1.75	−0.20	−0.11	0.01	1.10	0.99	0.33
5.0	0.29	0.18	1.97	0.04	−1.03	−0.52	−0.01	−0.01	0.00	0.07	0.53	0.30

表4-16 2015年渐伐更新林冻土地温

深度（m）	各月冻土地温（℃）											
	1月	2月	3月	4月	5月	6月	7月	8月	9月	10月	11月	12月
0.0	−9.18	−11.37	−11.37	−8.56	0.55	12.20	−0.23	12.47	11.62	3.71	−1.16	−6.24
0.2	−7.25	−9.62	−9.62	−4.83	0.01	5.06	8.77	10.99	10.85	4.18	−0.06	−4.51
0.4	−4.32	−6.71	−6.71	−13.51	−0.57	1.29	5.47	7.33	6.84	4.39	0.91	−2.29
0.8	−5.58	−3.99	−3.99	−1.84	−0.61	−0.02	2.49	3.78	4.50	4.04	1.45	−0.21
1.2	−0.52	−2.22	−2.22	−1.41	−0.69	−0.31	0.14	3.10	2.71	3.18	1.68	0.27
1.6	−0.18	−0.98	−0.98	−0.86	−0.74	−0.19	−0.70	1.79	2.36	2.82	1.73	0.25
2.5	−2.34	−0.47	−0.47	1.04	7.88	−7.39	−2.37	−1.99	3.64	3.31	−0.34	1.54
3.0	0.17	0.03	0.03	0.35	0.93	−0.33	−0.20	−0.16	0.94	2.05	1.68	0.68
3.5	0.18	0.06	0.06	−0.06	−0.31	−0.63	−0.43	−0.23	−1.32	1.11	1.54	0.68
4.5	0.24	−0.20	−0.20	−0.14	−0.11	−0.16	−0.11	−0.09	−0.17	0.80	1.33	0.59
5.0	0.20	0.08	0.08	0.07	0.02	−0.01	−0.01	−0.02	1.09	−0.07	−0.82	0.54

表4-17 2010年皆伐更新林冻土地温

深度（m）	各月冻土地温（℃）											
	1月	2月	3月	4月	5月	6月	7月	8月	9月	10月	11月	12月
0.0	—	—	—	−2.86	6.84	23.12	24.13	22.49	20.83	4.42	−1.13	−23.72
0.2	—	—	—	−3.98	2.68	14.18	16.61	16.18	15.29	2.99	−2.31	−19.77
0.4	—	—	—	−3.73	−0.34	2.34	5.93	7.47	7.87	1.87	−1.90	−9.92
0.8	—	—	—	−3.08	−1.21	0.12	1.29	4.02	4.96	2.00	−0.41	−3.45
1.2	—	—	—	−2.44	−1.60	−0.44	−0.12	1.49	3.07	1.77	−0.01	−0.63
1.6	—	—	—	−1.84	−1.58	−0.60	−0.37	0.00	1.50	1.18	0.04	−0.04
2.5	—	—	—	−0.93	−1.30	−0.66	−0.47	−0.30	0.33	0.56	0.02	0.01
3.0	—	—	—	−0.56	−0.87	−0.60	−0.46	−0.36	−0.13	−0.02	−0.02	0.03
3.5	—	—	—	−0.27	−0.60	−0.55	−0.75	−0.38	−0.22	−0.15	−0.10	−0.06
4.0	—	—	—	−0.17	−0.41	−0.49	−0.43	−0.39	−0.27	−0.22	−0.16	−0.18
5.0	—	—	—	−0.17	−0.25	−0.38	−0.38	−0.40	−0.31	−0.29	−0.23	−0.20
6.0	—	—	—	−0.22	−0.25	−0.31	−0.34	−0.36	−0.33	−0.32	−0.28	−0.25
7.0	—	—	—	−0.29	−0.29	−0.32	−0.34	−0.37	−0.36	−0.36	−0.32	−0.30
8.0	—	—	—	−0.30	−0.30	−0.31	−0.32	−0.36	−0.34	−0.34	−0.32	−0.30
9.0	—	—	—	−0.33	−0.33	−0.33	−0.34	−0.36	−0.35	−0.35	−0.36	−0.32
10.0	—	—	—	−0.35	−0.35	−0.35	−0.35	−0.36	−0.36	−0.36	−0.38	−0.33
11.0	—	—	—	−0.36	−0.37	−0.37	−0.36	−0.38	−0.36	−0.37	−0.38	−0.34
12.0	—	—	—	−0.37	18.82	−0.38	−0.37	−0.39	−0.37	−0.37	−0.39	−0.35

表 4-18　2011 年皆伐更新林冻土地温

深度（m）	各月冻土地温（℃）											
	1月	2月	3月	4月	5月	6月	7月	8月	9月	10月	11月	12月
0.0	−12.73	−11.21	−1.85	4.87	21.17	17.12	12.03	21.34	12.12	4.11	3.06	−13.04
0.2	−10.53	−11.18	−6.42	−1.28	11.95	11.27	7.96	16.63	7.89	2.66	1.27	−10.07
0.4	−5.97	−8.40	−7.63	−4.56	0.93	2.60	3.34	9.22	5.49	2.03	0.52	−3.96
0.8	−3.18	−5.24	−5.29	−3.96	−0.65	0.11	0.70	5.76	4.90	2.15	0.61	−0.73
1.2	−1.44	−3.02	−3.52	−3.27	−1.09	−0.44	−0.42	3.01	4.56	2.17	0.65	−0.01
1.6	−0.37	−1.51	−2.33	−2.62	−1.24	−0.60	−0.60	0.80	4.14	2.12	0.65	0.03
2.5	−0.01	−0.29	−1.16	−1.80	−1.23	−0.69	−0.77	−0.19	3.40	1.96	0.61	0.03
3.0	0.01	0.00	−0.39	−1.11	−1.05	−0.66	−0.71	−0.33	1.05	1.15	0.40	0.05
3.5	−0.05	−0.05	−0.13	−0.69	−1.74	−0.63	−0.39	−0.38	−0.12	0.04	0.03	0.02
4.0	−0.10	−0.09	−0.11	−0.45	−0.68	−0.58	−0.79	−0.40	0.32	−0.14	−0.11	−0.07
5.0	−0.18	−0.16	−0.16	−0.24	−0.42	−0.46	−0.45	−0.39	−0.31	−0.25	−0.22	−0.17
6.0	−0.23	−0.22	−0.21	−0.23	−0.30	−0.38	−0.63	−0.37	−0.33	−0.30	−0.28	−0.23
7.0	−0.29	−0.28	−0.27	−0.27	−0.29	−0.35	−0.64	−0.36	−0.35	−0.34	−0.33	−0.29
8.0	−0.29	−0.28	−0.28	−0.28	−0.29	−0.31	−0.68	−0.32	−0.33	−0.32	−0.31	−0.28
9.0	−0.31	−0.31	−0.30	−0.30	−0.31	−0.31	−0.63	−0.32	−0.33	−0.32	−0.32	−0.30
10.0	−0.32	−0.32	−0.32	−0.32	−0.32	−0.32	−0.64	−0.32	−0.32	−0.32	−0.32	−0.31
11.0	−0.34	−0.33	−0.33	−0.34	−0.34	−0.33	−0.50	−0.32	−0.33	−0.32	−0.33	−0.31
12.0	−0.34	−0.29	−0.34	−0.35	−0.35	−0.34	−1.49	−0.33	−0.33	−0.33	−0.33	−0.32

表 4-19　2012 年皆伐更新林冻土地温

深度（m）	各月冻土地温（℃）											
	1月	2月	3月	4月	5月	6月	7月	8月	9月	10月	11月	12月
0.0	−19.16	−19.44	−11.87	−5.33	12.81	11.81	15.44	21.86	11.28	15.40	−3.52	−14.14
0.2	−16.55	−18.07	−12.97	−6.28	6.72	7.83	11.61	15.35	9.15	8.96	−4.45	−10.88
0.4	−9.16	−11.88	−9.52	−5.60	0.69	1.73	4.70	8.09	6.51	3.63	−2.22	−4.36
0.8	−3.99	−7.12	−6.69	−4.83	−0.51	−0.13	1.20	4.81	4.96	3.05	−0.24	−0.90
1.2	−1.06	−3.96	−4.69	−4.00	−0.95	−0.52	−0.21	2.32	3.43	2.60	0.20	−0.04
1.6	−0.09	−1.78	−3.03	−3.09	−1.15	−0.70	−0.45	0.49	2.02	1.94	0.30	0.02
2.5	0.01	−0.22	−1.15	−1.87	−0.13	−0.80	−0.58	−0.25	0.44	0.95	0.27	0.02
3.0	0.04	0.03	−0.08	−0.78	−1.23	−1.64	−0.59	−0.37	−0.01	0.08	0.11	0.03
3.5	0.01	0.00	0.00	−0.11	−0.89	−0.90	−0.58	−0.42	−0.17	−0.11	−0.05	−0.03
4.0	−0.06	−0.06	−0.06	−0.07	−0.72	−1.26	−0.55	−0.43	−0.26	−0.19	−0.13	−0.10
5.0	−0.15	−0.14	−0.14	−0.13	−0.43	0.61	−0.46	−0.41	−0.33	−0.28	−0.22	−0.19
6.0	−0.22	−0.21	−0.20	−0.19	−0.29	0.86	−0.38	−0.38	−0.35	−0.32	−0.29	−0.25
7.0	−0.28	−0.27	−0.26	−0.25	−0.27	−0.31	−0.35	−0.36	−0.36	−0.34	−0.32	−0.30
8.0	−0.27	−0.27	−0.27	−0.25	−0.25	−1.48	−0.29	−0.31	−0.32	−0.32	−0.30	−0.29
9.0	−0.30	−0.29	−0.29	−0.07	−0.46	−1.36	−0.29	−0.31	−0.31	−0.31	−0.31	−0.31
10.0	−0.30	−0.30	−0.30	−0.01	−0.52	0.32	−0.29	−0.30	−0.30	−0.33	−0.31	−0.31
11.0	−0.31	−0.32	−0.32	−0.49	−0.30	0.01	−0.30	−0.30	−0.30	−0.31	−0.31	−0.31
12.0	−0.32	−0.32	−0.32	−0.50	−0.31	1.11	−0.30	−0.30	−0.30	−0.31	−0.31	−0.31

表 4 - 20　2013 年皆伐更新林冻土地温

深度（m）	各月冻土地温（℃）											
	1 月	2 月	3 月	4 月	5 月	6 月	7 月	8 月	9 月	10 月	11 月	12 月
0.0	−19.40	−12.04	−6.81	3.02	3.13	18.46	18.16	10.98	21.19	4.40	−0.51	−23.71
0.2	−16.32	−11.54	−8.10	−3.16	−3.40	1.71	12.85	9.36	15.27	2.88	−1.98	−19.76
0.4	−9.53	−8.44	−7.22	−5.04	−5.00	−4.23	5.04	6.23	7.78	1.96	−1.68	−9.92
0.8	−5.11	−5.53	−5.42	−4.22	−4.12	3.90	1.36	3.86	4.89	2.00	−0.13	−3.45
1.2	−2.41	−3.31	−3.84	−3.43	−3.30	1.49	−0.18	1.82	3.02	1.59	0.08	−0.63
1.6	−0.74	−1.57	−2.46	−2.71	−2.47	−0.11	−0.47	0.38	1.60	0.96	0.11	−0.03
2.5	−0.03	−0.21	−0.90	−1.85	−1.64	−0.51	−0.62	0.04	0.13	0.69	0.23	0.00
3.0	0.04	0.02	−0.04	−1.02	−0.55	−0.27	−0.64	−0.24	0.49	−0.04	−0.04	0.01
3.5	−0.01	−0.03	−0.02	−0.53	0.16	−0.88	−0.64	−0.80	−1.85	−0.26	−0.17	−0.08
4.0	−0.07	−0.08	−0.07	−0.26	−0.44	−0.40	−0.61	−0.34	−2.31	−0.03	−0.02	−0.17
5.0	−0.15	−0.16	−0.14	−0.05	−0.22	−0.27	−0.52	−0.39	−0.38	−0.49	−0.29	−0.20
6.0	−0.21	−0.21	−0.09	−0.09	−0.15	0.68	−0.43	−0.45	−1.35	−0.07	−0.23	−0.25
7.0	−0.26	−0.27	−0.25	−0.24	−0.07	−2.02	−0.37	−0.44	−0.18	−0.44	−0.41	−0.30
8.0	−0.26	−0.27	−0.25	−0.24	0.09	−4.24	−0.31	−0.33	−0.44	−0.13	−0.16	−0.29
9.0	−0.28	−0.29	−0.27	−0.25	−0.34	0.30	−0.29	−0.46	−1.47	−0.46	−0.36	−0.31
10.0	−0.29	−0.30	−0.28	−0.20	−0.11	0.62	−0.28	−0.35	−1.34	−0.34	−0.23	−0.24
11.0	−0.30	−0.31	−0.29	−0.18	−0.37	0.33	−0.28	−0.37	−0.47	−0.36	−0.17	−0.42
12.0	−0.30	−0.32	−0.30	−0.14	0.00	−0.98	−0.29	−0.39	−1.07	−0.28	−0.40	−0.44

表 4 - 21　2014 年皆伐更新林冻土地温

深度（m）	各月冻土地温（℃）											
	1 月	2 月	3 月	4 月	5 月	6 月	7 月	8 月	9 月	10 月	11 月	12 月
0.0	−12.73	−2.07	−5.15	2.94	1.80	7.90	16.22	17.97	22.25	7.42	−0.45	−15.12
0.2	−10.55	−3.07	−7.05	−3.31	0.62	5.59	11.97	13.74	14.63	3.67	−1.68	−9.35
0.4	−6.05	−3.60	−7.34	−4.94	−0.31	1.78	4.08	7.52	7.78	1.48	−0.72	−2.72
0.8	−3.12	−1.79	−4.50	−4.22	−0.82	−0.14	0.56	4.67	5.61	1.46	−0.03	−0.46
1.2	−1.45	1.44	−4.69	−3.38	−1.20	−0.77	−0.34	2.46	4.28	1.52	0.04	−0.05
1.6	−0.37	0.62	−0.39	−2.49	−1.33	−0.95	−0.56	0.59	2.88	1.53	0.05	−0.03
2.5	0.02	1.64	1.42	−1.75	−1.29	−0.99	−0.67	−0.23	0.65	1.42	0.05	−0.12
3.0	−0.04	−0.29	0.26	−1.55	−1.08	−0.87	−0.66	−0.35	−0.10	0.68	0.06	0.00
3.5	−0.07	−0.32	1.44	−0.30	−0.87	−0.75	−0.63	−0.41	−0.26	−0.05	−0.03	−0.09
4.0	−0.03	−3.66	1.44	−0.35	−0.69	−0.64	−0.59	−0.42	−0.34	−1.24	−0.13	−0.21
5.0	−0.18	0.95	1.37	−0.10	−0.41	−0.44	−0.47	−0.40	−0.37	−0.28	−0.23	−0.36
6.0	−0.35	0.51	1.55	−0.13	−0.28	−0.33	−0.37	−0.37	−0.36	−0.31	0.34	−0.45
7.0	−0.29	0.21	1.26	−0.15	−0.27	−0.30	−0.33	−0.35	−0.36	−0.33	2.69	2.25
8.0	−0.22	−0.73	1.11	−0.03	−0.25	−0.26	−0.26	−0.31	−0.33	−0.31	−0.30	−0.32
9.0	−0.35	−0.38	−0.46	−0.31	−0.27	−0.27	−0.27	−0.30	−0.33	−0.31	−0.30	17.89
10.0	−0.34	−0.33	0.21	−0.16	−0.27	−0.27	−0.27	−0.28	−0.31	−0.30	−0.30	−0.32
11.0	−0.28	−0.41	1.72	−0.29	−0.29	−0.28	−0.27	−0.28	−0.31	−0.30	−0.30	−0.32
12.0	−0.43	−0.43	−0.84	−0.06	−0.29	−0.29	−0.28	−0.28	−0.30	−0.29	−0.29	−0.32

表 4 - 22   2015 年皆伐更新林冻土地温

深度（m）	各月冻土地温（℃）											
	1 月	2 月	3 月	4 月	5 月	6 月	7 月	8 月	9 月	10 月	11 月	12 月
0.0	−14.28	−11.34	−9.85	2.59	7.54	13.71	18.03	22.52	18.83	−14.60	−11.89	−11.71
0.2	−11.34	−11.01	−10.02	−4.24	3.31	8.60	12.61	15.52	14.13	−11.49	−9.00	−8.65
0.4	−6.10	−7.70	−6.38	−2.61	0.04	1.82	4.53	6.59	8.23	−6.48	−3.22	−3.98
0.8	−2.96	−4.88	−3.78	−2.46	−0.72	−0.01	0.97	3.14	5.97	−3.00	−0.47	−1.48
1.2	−0.99	−2.73	−2.52	−1.83	−1.12	−0.42	−0.14	1.05	2.36	−0.82	−0.02	−0.22
1.6	−0.14	−1.13	−1.15	−1.19	−1.23	−0.55	−0.41	0.02	0.84	−0.09	0.02	−0.07
2.5	−0.02	−0.12	−0.28	−0.87	−1.15	−0.61	−0.53	−0.31	−1.28	−0.01	0.01	−0.04
3.0	0.02	0.01	−0.26	−0.56	−0.89	−0.57	−0.50	−0.35	−1.16	0.02	0.03	−0.01
3.5	−0.05	−0.02	−0.32	−0.48	−0.67	−0.52	−0.49	−0.37	1.52	−0.04	−0.05	−0.13
4.0	−0.10	−0.09	−0.13	−0.33	−0.50	−0.47	−0.45	−0.37	1.57	−0.11	−0.13	−0.15
5.0	−0.19	−0.16	−0.18	−0.28	−0.30	−0.36	−0.37	−0.34	−1.38	−0.17	−0.20	−0.34
6.0	−0.24	−0.21	−0.22	−0.23	−0.24	−0.29	−0.32	−0.31	1.22	−0.23	−0.25	−0.25
7.0	−0.28	−0.26	−0.36	−0.44	−0.37	−0.29	2.25	2.13	−0.31	2.16	2.89	2.15
8.0	−0.29	−0.26	−0.27	−0.29	−0.30	−0.24	−0.27	−0.27	−0.98	−0.26	−0.27	−0.32
9.0	−0.30	−0.28	−0.29	−0.30	−0.32	−0.25	−0.28	−0.26	−1.19	−0.27	−0.28	−0.11
10.0	−0.30	−0.28	−0.13	−0.51	−0.32	−0.25	−0.27	−0.27	−0.74	−0.28	−0.39	−0.80
11.0	−0.31	−0.29	−0.36	−0.35	−0.33	−0.26	−0.87	−0.27	0.96	−0.28	−0.28	−0.33
12.0	−0.31	−0.29	−0.31	−0.32	−0.33	−0.27	−0.27	−0.27	−0.15	−0.28	−0.28	−0.34

第5章

台站数据统计分析

5.1 气象数据统计分析

5.1.1 气压

本数据集时间区间为 2009 年 8 月至 2015 年 12 月，总数据量为 112 512 条。气压均值为 918.70 hPa，标准差为 6.90 hPa（变异系数为 0.7%），最大值为 942.00 hPa，最小值为 889.00 hPa。

2009 年（8—12 月）气压值最大，为 920.02 hPa，其次为 2015 年，为 919.32 hPa；2013 年最小，为 917.43 hPa。全年年际最大差值为 2.59 hPa（表 5-1）。

表 5-1 2009—2015 年气压数据年际动态（hPa）

年份	2009	2010	2011	2012	2013	2014	2015
均值	920.02	918.00	919.29	917.74	917.43	918.04	919.32
标准差	3.20	2.36	4.41	3.94	4.33	5.80	4.41

2009—2015 年气压值月动态基本呈现"单凹"曲线特征（图 5-1）。气压的低谷主要出现在春夏季，2009—2015 年气压值最低的月份分别为 9 月、7 月、6 月、4 月、7 月、11 月、5 月；而秋冬季气压较高，气压的峰值分别出现在 2009 年 10 月、2010 年 10 月、2011 年 12 月、2012 年 1 月、2013 年 1 月、2014 年 2 月、2015 年 11 月。月均最大气压值出现在 2015 年 11 月，为 927.54 hPa。最低气压值出现在 2014 年 11 月，为 902.31 hPa。

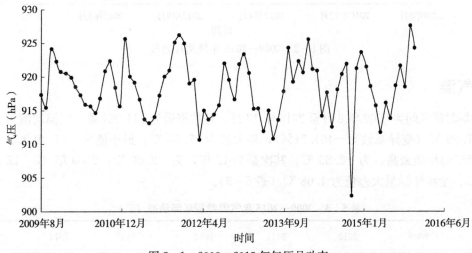

图 5-1 2009—2015 年气压月动态

5.1.2　风速

本数据集时间区间为 2009 年 8 月至 2015 年 12 月，总数据量为 112 032 条。风速均值为 2.03 m/s，标准差为 1.60 m/s（变异系数为 78.84%），最大值为 13.47 m/s，最小值为 0.00 m/s。

2015 年风速最大，为 2.36 m/s，其次为 2013 年，为 2.35 m/s；2010 年最小，为 1.05 m/s。全年年际最大差值为 1.31 m/s（表 5 - 2）。

表 5 - 2　2009—2015 年风速数据年际动态（m/s）

年份	2009	2010	2011	2012	2013	2014	2015
均值	1.24	1.05	2.31	2.32	2.35	2.21	2.36
标准差	0.86	0.29	0.51	0.66	0.53	0.41	0.60

2009 年（8—12 月）至 2015 年风速值月动态基本呈现"双峰"曲线特征（图 5 - 2），2009 年由于数据缺失，低谷值和峰值出现在冬季和夏季。风速的低谷出现在冬季，2009—2015 年风速最低的月份分别为 8 月、12 月、12 月、1 月、12 月、1 月、1 月；而春季风速较大，2009—2015 年风速的峰值分别出现在 10 月、4 月、4 月、5 月、4 月、5 月、4 月。月均最大风速值出现在 2009 年 10 月，为 3.97 m/s。最小风速值出现在 2010 年 12 月，为 0.73 m/s。

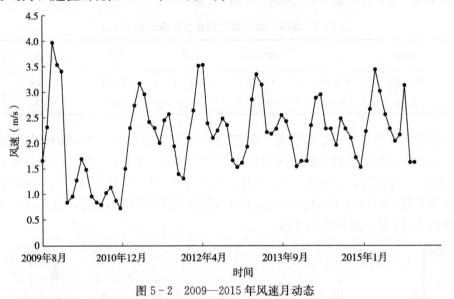

图 5 - 2　2009—2015 年风速月动态

5.1.3　气温

本数据集时间区间为 2009 年 8 月至 2015 年 12 月，总数据量为 111 984 条。气温均值为 −4.48 ℃，标准差为 17.99 ℃（变异系数为 −401.71%），最大值为 37.68 ℃，最小值为 −47.10 ℃。

2015 年气温均值最高，为 −2.85 ℃，其次是 2012 年，为 −3.60 ℃，2009 年（8—12 月）最低，为 −6.93 ℃。全年年际最大差值为 4.08 ℃（表 5 - 3）。

表 5 - 3　2009—2015 年气温数据年际动态（℃）

年份	2009	2010	2011	2012	2013	2014	2015
均值	−6.93	−5.38	−4.91	−3.60	−4.92	−4.26	−2.85
标准差	14.76	16.84	16.59	16.69	16.00	15.78	15.74

2009—2015 年气温的月变化呈现"单峰"曲线（图 5 - 3）。各年 10 月到来年 4 月的年均温均在
0.00 ℃以下，5—9 月的年均温均在 0.00 ℃以上。2010—2015 年气温最低的月份均在 1 月；2009 年
（8—12 月）气温最低值出现在 12 月，可能与数据缺失有关。气温的峰值 2009 年（8—12 月）出现在
8 月，2010 年出现在 6 月，其余年份均出现在 7 月。月均最高气温值出现在 2015 年 7 月，为 20.50
℃。最低气温值出现在 2013 年 1 月，为－31.40 ℃。

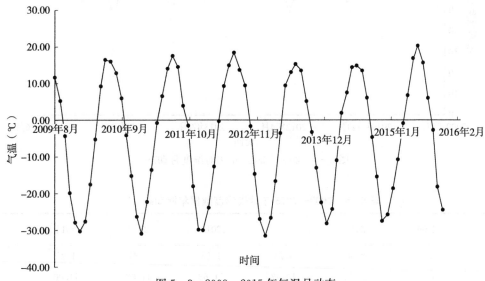

图 5 - 3　2009—2015 年气温月动态

5.1.4　相对湿度

本数据集时间区间为 2009 年 8 月至 2015 年 12 月，总数据量为 111 984 条。相对湿度均值为
68.41%，标准差为 21.94%（变异系数为 32.07%），最大值为 100%，最小值为 7.41%。

2009 年（8—12 月）相对湿度值最高，为 73.47%，其次为 2013 年，为 70.83%，2015 年最低，
为 65.70%。全年年际最大差值为 7.77%（表 5 - 4）。

表 5 - 4　2009—2015 年相对湿度数据年际动态（%）

年份	2009	2010	2011	2012	2013	2014	2015
均值	73.47	68.98	68.68	66.52	70.83	67.92	65.70
标准差	8.13	8.60	8.86	9.52	9.57	10.75	10.54

2009—2015 年相对湿度月动态基本呈现"双凹"曲线特征（图 5 - 4）。2010—2015 年相对湿度
的低谷均出现在春季（3 月、4 月），而 2009 年（8—12 月）相对湿度最低值出现在 10 月。相对湿度
的峰值出现在 7—9 月（夏秋季）。月均最大相对湿度出现在 2008 年 8 月，为 88.45%；最小相对湿
度出现在 2014 年 4 月，为 44.66%。

5.1.5　地表温度

本数据集时间区间为 2009 年 8 月至 2015 年 12 月，总数据量为 111 984 条。地表温度均值为
1.81 ℃，标准差为 11.40 ℃（变异系数为 631.16%），最大值为 38.40 ℃，最小值为－18.46 ℃。

2011 年地表温度值最高，为 3.21 ℃，其次为 2010 年，为 2.68 ℃，2009 年（8—12 月）最低，
为 0.41 ℃。全年年际最大差值为 2.80 ℃（表 5 - 5）。

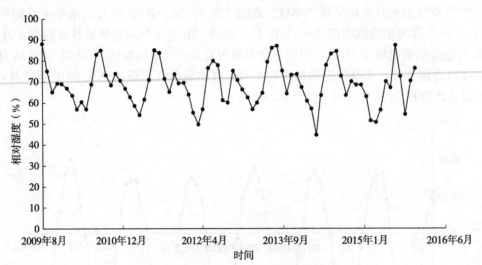

图 5-4   2009—2015 年相对湿度月动态

表 5-5   2009—2015 年地表温度数据年际动态（℃）

年份	2009	2010	2011	2012	2013	2014	2015
均值	0.41	2.68	3.21	1.55	1.31	1.25	1.31
标准差	9.22	11.71	10.47	11.68	11.03	11.00	10.10

2009—2015 年地表温度的变化呈现"单峰"曲线（图 5-5）。2010—2015 年地表温度最低值均出现在 1—2 月，而 2009 年（8—12 月）地表温度最低值出现在 11 月。地表温度的峰值出现在 6—8 月（夏季）。月均最高地表温度出现在 2010 年 6 月，为 21.19 ℃，最低地表温度出现在 2013 年 1 月，为 −15.03 ℃。

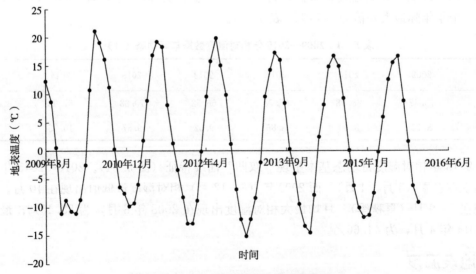

图 5-5   2009—2015 年地表温度月动态

5.1.6　土壤温度

本数据集时间区间为 2009 年 8 月至 2015 年 12 月，总数据量为 111 984 条。5 cm、10 cm、

15 cm、20 cm、40 cm、60 cm、100 cm 土壤温度的均值分别为 1.66 ℃、1.70 ℃、1.99 ℃、1.84 ℃、1.83 ℃、1.85 ℃、1.71 ℃，标准差分别为 10.89 ℃、10.57 ℃、10.44 ℃、9.95 ℃、8.59 ℃、7.43 ℃、6.43 ℃（变异系数分别为 656.52%、620.08%、523.34%、541.55%、469.29%、402.08%、376.63%）。各层土壤温度最高值分别为 31.81 ℃、28.87 ℃、32.18 ℃、30.00 ℃、30.45 ℃、27.88 ℃、28.13 ℃，各层土壤温度最低值分别为 −16.54 ℃、−15.99 ℃、−15.08 ℃、−24.78 ℃、−23.80 ℃、−10.99 ℃、−9.86 ℃。

2011 年 5 cm、10 cm、15 cm、20 cm、40 cm 土壤温度均最高，分别为 3.04 ℃、3.02 ℃、3.16 ℃、3.10 ℃、3.03 ℃；2009 年（8—12 月）60 cm、100 cm 土壤温度均最高，分别为 4.08 ℃、4.68 ℃。2009 年（8—12 月）5 cm 土壤温度最低，为 0.95 ℃；其他土层土壤温度的最低值均出现在 2014 年，从上到下分别为 0.96 ℃、1.02 ℃、1.02 ℃、1.05 ℃、1.10 ℃、1.01 ℃。各土层全年年际最大差值分别为 2.09 ℃、2.06 ℃、2.14 ℃、2.08 ℃、1.98 ℃、3.00 ℃、3.67 ℃（表 5 - 6）。

表 5 - 6　2009—2015 年各层土壤温度数据年际动态（℃）

年份		2009	2010	2011	2012	2013	2014	2015
5 cm	均值	0.95	2.42	3.04	1.37	1.07	1.00	1.29
	标准差	8.93	11.18	10.15	11.29	10.64	10.60	9.85
10 cm	均值	1.12	2.36	3.02	1.40	1.02	0.96	1.76
	标准差	8.46	10.71	9.84	10.93	10.30	10.30	10.15
15 cm	均值	1.73	2.37	3.16	1.58	1.09	1.02	1.35
	标准差	8.11	10.19	9.17	10.95	9.91	9.88	9.82
20 cm	均值	2.06	2.34	3.10	1.71	1.10	1.02	1.57
	标准差	7.90	9.83	8.92	10.75	9.59	10.05	9.66
40 cm	均值	2.71	2.40	3.03	1.32	1.11	1.05	1.65
	标准差	7.18	8.99	8.43	7.68	8.46	8.66	8.48
60 cm	均值	4.08	2.18	2.92	1.75	1.12	1.10	1.08
	标准差	6.02	7.34	7.15	7.88	7.42	7.40	6.68
100 cm	均值	4.68	1.97	2.73	1.70	1.01	1.01	1.03
	标准差	5.47	6.31	6.30	6.91	6.54	6.52	5.88

2010—2015 年各层土壤温度的变化趋势基本一致，即随着月份的变化呈"单峰"特征（图 5 - 6）。土壤温度的最低值均出现在 1 月、2 月，2009 年由于数据缺失，最低值出现在 11 月。2009—2015 年各层土壤温度的最高值均出现在 7 月、8 月。5 cm、10 cm、15 cm 土层的月均最低温度出现在 2013 年 1 月，各层土壤温度均比其他年份各层温度低，分别为 −14.73 ℃、−14.28 ℃、−13.61 ℃；20 cm、40 cm、60 cm、100 cm 土层的最低温度出现在 2014 年 2 月，各层土壤温度均比其他年份各层温度低，分别为 −13.73 ℃、−12.01 ℃、−10.30 ℃、−9.20 ℃；5 cm 土层月均最高温度出现在 2010 年 6 月，为 19.69 ℃；10 cm、15 cm、20 cm 土层月均最高温度出现在 2012 年 7 月，分别为 18.84 ℃、19.13 ℃、18.88 ℃；40 cm 土层月均最高温度出现在 2011 年 7 月，为 16.66 ℃；60 cm、100 cm 土层月均最高温度出现在 2011 年 8 月，分别为 15.03 ℃、13.73 ℃。

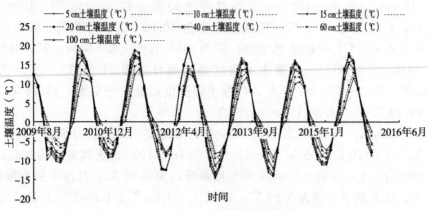

图 5-6　2009—2015 年土壤温度月动态

5.1.7　降水

本数据集时间区间为 2009 年 1 月至 2015 年 12 月，总数据量为 83 376 条。降水均值为 0.05 mm，标准差为 0.50 mm（变异系数为 1 061.6%），最大值为 25.70 mm，最小值为 0.00 mm。

2013 年降水量最大，为 852.60 mm，其次为 2014 年，为 453.40 mm，2010 年降水量最小，为 238.80 mm，全年年际最大差值为 613.80 mm（表 5-7）。

表 5-7　2009—2015 年降水数据年际动态（mm）

年份	2009	2010	2011	2012	2013	2014	2015
均值	411.50	238.80	366.40	425.80	852.60	453.40	395.70
标准差	25.35	40.75	50.46	38.49	104.27	43.12	37.41

2009—2015 年降水量呈现"单峰"曲线（图 5-7），降水量的峰值主要集中在 6—8 月（夏季），降水量的低值主要集中在春季。月均最大降水量出现在 2013 年 7 月，为 380.7 mm。

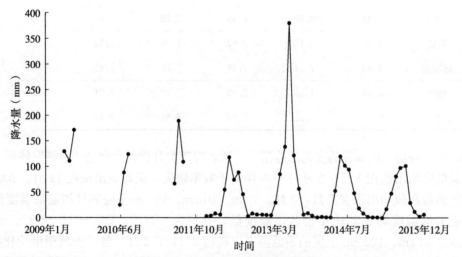

图 5-7　2009—2015 年降水月动态

5.1.8　太阳总辐射

本数据集时间区间为 2009 年 8 月至 2015 年 12 月，总数据量为 119 841 条。太阳总辐射的均值为 140.27 W/m²，标准差为 216.31 W/m²（变异系数为 154.21%），最大值为 1 062.00 W/m²，最小值分别为 0.00 W/m²。

2011 年总辐射最大，为 213.35 W/m²，其次是 2014 年，为 209.86 W/m²，2009 年（8—9 月）总辐射最小，为 167.27 W/m²，全年总辐射量最大差值为 46.08 W/m²（表 5 - 8）。

表 5 - 8　2009—2015 年辐射数据年际动态

年份	2009	2010	2011	2012	2013	2014	2015
均值	167.27	207.10	213.35	203.12	202.03	209.86	178.83
标准差	53.61	80.27	68.83	71.78	60.37	67.97	53.02

2009—2015 年总辐射随月份变化呈"单峰"曲线（图 5 - 8）。2009—2015 年总辐射量峰值出现的月份分别为 9 月、6 月、6 月、7 月、6 月、6 月、5 月（春夏季）。月均最大总辐射出现在 2010 年 6 月，为 326.94 W/m²；月均最小总辐射量出现在 2010 年 12 月，为 90.84 W/m²。

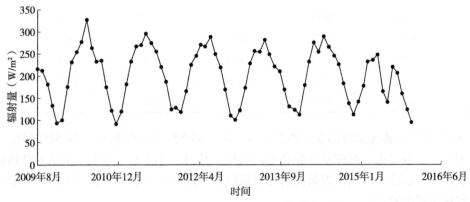

图 5 - 8　2009—2015 年太阳总辐射月动态

5.2　冻土数据统计分析

5.2.1　原始林冻土温度

本数据集时间区间为 2010 年 4 月至 2015 年 12 月。0.0 m、0.2 m、0.4 m、0.8 m、1.2 m、1.6 m、2.5 m、3.0 m、3.5 m、4.0 m、4.5 m、5.0 m、5.5 m、6.0 m 土层冻土温度的均值分别为 −2.56 ℃、−3.07 ℃、−3.52 ℃、−3.44 ℃、−3.55 ℃、−3.54 ℃、−3.29 ℃、−3.51 ℃、−3.49 ℃、−3.31 ℃、−3.38 ℃、−3.26 ℃、−3.25 ℃、−3.18 ℃，标准差分别为 7.02 ℃、5.78 ℃、4.36 ℃、3.55 ℃、3.07 ℃、2.65 ℃、2.30 ℃、1.94 ℃、1.79 ℃、1.73 ℃、1.28 ℃、1.29 ℃、1.00 ℃、0.96 ℃（变异系数分别为 −274.71%、−187.99%、−123.74%、−103.22%、−86.48%、−74.78%、−69.96%、−55.31%、−51.17%、−52.26%、−37.96%、−39.74%、−30.64%、−30.13%）。

0.0～0.8 m 土层 2010 年（4—12 月）冻土温度值最高，各土层温度由上到下分别为 1.29 ℃、−0.24 ℃、−1.83 ℃、−2.27 ℃；1.2～6.0 m 土层冻土温度 2011 年最高，各土层冻土温度由上到下分别为 −2.57 ℃、−2.59 ℃、−2.61 ℃、−2.64 ℃、−2.67 ℃、−2.71 ℃、−2.77 ℃、−2.27 ℃、−2.75 ℃、−2.77 ℃。0.0～3.0 m 土层冻土温度 2013 年最低，各土层冻土温度由上到下分别为 −4.28 ℃、−4.50 ℃、−4.95 ℃、−4.75 ℃、−4.59 ℃、−4.34 ℃、−3.70 ℃、−4.09 ℃；3.5 m、4.0 m、4.5 m、5.5 m、6.0 m 土层冻土温度 2014 年最低，为 −4.00 ℃、−3.90 ℃、

−3.87 ℃、−3.86 ℃、−3.70 ℃；5.0 m 土层冻土温度 2015 年最低，为−3.97 ℃（表 5 − 9）。

表 5 − 9　2010—2015 年原始林冻土温度数据年际动态（℃）

土层	2010 年	2011 年	2012 年	2013 年	2014 年	2015 年
0.0 m	1.29	−1.66	−3.95	−4.28	−2.83	−3.15
0.2 m	−0.24	−2.11	−4.04	−4.50	−3.21	−3.91
0.4 m	−1.83	−2.53	−4.11	−4.95	−3.51	−4.11
0.8 m	−2.27	−2.62	−4.09	−4.75	−3.24	−3.76
1.2 m	−2.64	−2.57	−4.26	−4.59	−3.64	−3.76
1.6 m	−2.87	−2.59	−3.97	−4.34	−3.82	−3.94
2.5 m	−3.02	−2.61	−3.55	−3.70	−3.64	−3.63
3.0 m	−3.10	−2.64	−3.87	−4.09	−3.90	−3.91
3.5 m	−3.12	−2.67	−3.77	−3.99	−4.00	−3.91
4.0 m	−3.11	−2.71	−3.68	−3.77	−3.90	−3.25
4.5 m	−3.11	−2.77	−3.70	−3.63	−3.87	−3.82
5.0 m	−2.99	−2.71	−3.52	−3.61	−3.79	−3.97
5.5 m	−3.01	−2.75	−3.44	−3.50	−3.86	−3.63
6.0 m	−3.00	−2.77	−3.43	−3.53	−3.70	−3.38

　　2010—2015 年各土层冻土温度的变化趋势基本一致，即随着月份的变化呈"单峰"特征（图 5 − 9），每年 8 月到翌年 2 月各层冻土温度呈下降趋势，每年 3 月到 7 月各土层冻土温度呈上升趋势。随着土层深度的增加，各土层冻土温度出现最高值和最低值的时间相对滞后 1～2 个月。上层冻土温度波动较明显，深层冻土温度较稳定。

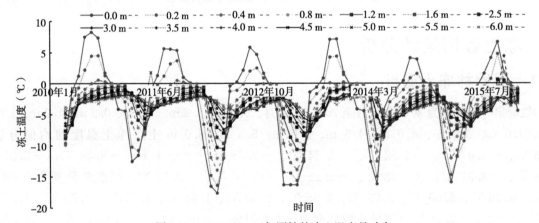

图 5 − 9　2010—2015 年原始林冻土温度月动态

5.2.2　渐伐更新林冻土温度

　　本数据集时间区间为 2010 年 4 月至 2015 年 12 月。0.0 m、0.2 m、0.4 m、0.8 m、1.2 m、1.6 m、2.5 m、3.0 m、3.5 m、4.5 m、5.0 m 土层的冻土温度的均值分别为 0.91 ℃、1.14 ℃、0.80 ℃、0.62 ℃、0.61 ℃、0.61 ℃、−0.35 ℃、0.59 ℃、0.34 ℃、0.34 ℃、0.33 ℃，标准差分别为 8.53 ℃、6.97 ℃、4.90 ℃、3.24 ℃、2.10 ℃、1.66 ℃、2.67 ℃、1.13 ℃、0.99 ℃、0.89 ℃、0.50 ℃（变异系数分别为 937.96%、612.87%、612.26%、519.52%、341.22%、

271.89%、−770.81%、191.75%、290.52%、259.46%、149.43%)。

0.0～0.8 m 土层 2010 年 (4—12 月) 土层冻土温度最高，冻土温度由上到下分别为 4.61 ℃、4.95 ℃、2.66 ℃、1.67 ℃；1.2 m、1.6 m、3.0 m、3.5 m、4.5 m、5.0 m 土层冻土温度 2011 年最高，冻土温度由上到下分别为 0.99 ℃、1.13 ℃、0.83 ℃、0.73 ℃、0.63 ℃、0.4 ℃；2.5 m 土层冻土温度 2012 年最高，为 0.48 ℃。0.0 m、1.6～4.5 m 土层冻土温度 2014 年最低；0.2 m、0.4 m、1.2 m 土层冻土温度 2013 年最低，分别为 0.25 ℃、0.09 ℃、0.27 ℃；0.8 m、5.0 m 土层冻土温度 2015 年最低，分别为 0.00 ℃、0.10 ℃ (表 5-10)。

表 5-10　2010—2015 年渐伐更新林各土层冻土温度数据年际动态 (℃)

土层	2010 年	2011 年	2012 年	2013 年	2014 年	2015 年
0.0 m	4.61	0.98	0.67	0.16	0.06	0.24
0.2 m	4.95	1.14	0.86	0.25	0.71	0.33
0.4 m	2.66	1.06	0.90	0.09	0.30	0.18
0.8 m	1.67	0.76	0.75	0.36	0.46	0.00
1.2 m	0.85	0.99	0.80	0.27	0.43	0.31
1.6 m	0.78	1.13	0.70	0.49	0.08	0.36
2.5 m	0.68	0.09	0.48	−0.76	−1.85	−1.14
3.0 m	0.54	0.83	0.71	0.44	0.20	0.51
3.5 m	0.47	0.73	0.23	0.21	0.04	0.05
4.5 m	0.39	0.63	0.47	0.07	−0.10	0.15
5.0 m	0.21	0.40	0.37	0.26	0.15	0.10

2010—2015 年各土层冻土温度的变化趋势基本一致，即随着月份的变化呈 "单峰" 特征 (图 5-10)。每年 8 月到翌年 2 月各土层冻土温度均在下降，每年 3 月到 7 月各土层冻土温度均在上升。随着土层深度的增加，各土层冻土温度出现最高值和最低值的时间相对滞后 1～2 个月。上层冻土温度波动较明显，深层冻土温度较稳定。

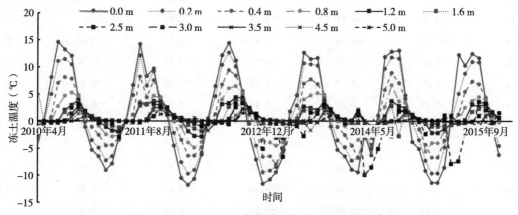

图 5-10　2010—2015 年渐伐更新林冻土温度月动态

5.2.3　皆伐更新林冻土温度

本数据集时间区间为 2010 年 4 月至 2015 年 12 月。0.0 m、0.2 m、0.4 m、0.8 m、1.2 m、1.6 m、2.5 m、3.0 m、3.5 m、4.0 m、5.0 m、6.0 m、7.0 m、8.0 m、9.0 m、10.0 m、11.0 m、

12.0 m 土层冻土温度的均值分别为 3.05 ℃、0.49 ℃、－0.89 ℃、－0.49 ℃、－0.37 ℃、
－0.29 ℃、－0.19 ℃、－0.23 ℃、－0.23 ℃、－0.27 ℃、－0.17 ℃、－0.11 ℃、0.07 ℃、
－0.24 ℃、－0.22 ℃、－0.16 ℃、－0.11 ℃、－0.16 ℃，标准差分别为 13.70 ℃、10.50 ℃、
5.66 ℃、3.41 ℃、2.18 ℃、1.37 ℃、0.90 ℃、0.52 ℃、0.48 ℃、0.62 ℃、0.32 ℃、0.38 ℃、
0.86 ℃、0.54 ℃、0.23 ℃、0.22 ℃、0.31 ℃、0.27 ℃（变异系数分别为 448.77%、2 158.11%、
－637.85%、－689.22%、－586.62%、－473.07%、－470.06%、－221.56%、－211.96%、
－232.00%、－190.03%、－352.50%、1 313.85%、－226.05%、－107.53%、－140.97%、
－281.19%、－165.74%）。

　　0.0～1.2 m 土层冻土温度 2010 年（4—12 月）最高，分别为 8.24 ℃、4.65 ℃、1.07 ℃、0.47
℃、0.12 ℃，1.6 m、2.5 m、5.0 m、6.0 m、8.0 m、9.0 m、10 m、11.0 m 土层冻土温度 2014 年
最高，分别为－0.04 ℃、0.01 ℃、－0.08 ℃、－0.05 ℃、0.34 ℃、－0.19 ℃、－0.32 ℃、－0.25
℃、－0.13 ℃；3.0 m 土层冻土温度 2011 年最高，为－0.13 ℃，3.5 m、4.0 m、7.0 m 土层冻土温
度 2015 年最高，分别为－0.14 ℃、－0.11 ℃、0.77 ℃；12.0 m 土层冻土温度 2012 年最高，为－
0.21 ℃。0.0 m、2.5 m、5.0 m、10.0 m 土层冻土温度 2015 年最低，分别为 0.8 ℃、－0.43 ℃、
－0.36 ℃、－0.38 ℃；3.0 cm、9.0 cm 土层冻土温度 2012 年最低，分别为－0.37 ℃、－0.39 ℃，
4.0 m 土层冻土温度 2014 年最低，为－0.57 ℃，6.0 m、11.0 m 土层冻土温度 2010 年最低，分别为
－0.31 ℃、－0.37 ℃，12.0 m 土层冻土温度 2011 年最低，为－0.43 ℃，其他土层的冻土温度最低
值均出现在 2013 年（表 5-11）。

表 5-11　2010—2015 年皆伐更新林各土层冻土温度数据年际动态（℃）

土层	2010 年	2011 年	2012 年	2013 年	2014 年	2015 年
0.0 m	8.24	4.75	1.26	1.41	3.42	0.80
0.2 m	4.65	1.68	－0.80	－1.85	1.27	－0.97
0.4 m	1.07	－0.53	－1.45	－2.50	－0.25	－1.27
0.8 m	0.47	－0.40	－0.87	－1.00	－0.23	－0.81
1.2 m	0.12	－0.24	－0.57	－0.76	－0.18	－0.62
1.6 m	－0.19	－0.13	－0.46	－0.63	－0.04	－0.42
2.5 m	－0.30	－0.01	－0.28	－0.39	0.01	－0.43
3.0 m	－0.33	－0.13	－0.37	－0.19	－0.33	－0.35
3.5 m	－0.34	－0.34	－0.27	－0.43	－0.20	－0.14
4.0 m	－0.30	－0.27	－0.32	－0.40	－0.57	－0.11
5.0 m	－0.29	－0.28	－0.19	－0.27	－0.08	－0.36
6.0 m	－0.30	－0.31	－0.19	－0.24	－0.05	－0.13
7.0 m	－0.33	－0.34	－0.31	－0.42	0.34	0.77
8.0 m	－0.32	－0.33	－0.39	－0.57	－0.19	－0.34
9.0 m	－0.34	－0.34	－0.37	－0.37	－0.32	－0.34
10.0 m	－0.35	－0.35	－0.25	－0.28	－0.25	－0.38
11.0 m	－0.37	－0.34	－0.30	－0.27	－0.13	－0.25
12.0 m	－0.37	－0.43	－0.21	－0.41	－0.34	－0.29

　　2010—2015 年各土层冻土温度的变化趋势基本一致，即随着月份的变化呈"单峰"特征（图 5-
11）。每年 8 月到 12 月各土层冻土温度均在下降，每年 1 月到 7 月各土层冻土温度均在上升。随着土

层深度的增加，各土层冻土温度出现最高值和最低值的时间相对滞后 1～2 个月。上层冻土温度波动
较明显，深层冻土温度较稳定。

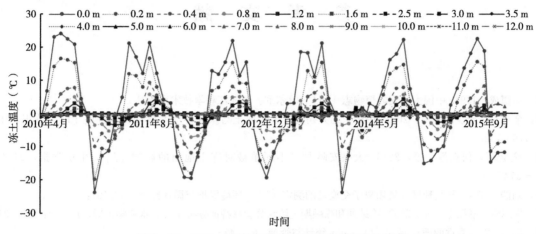

图 5 - 11　2010—2015 年皆伐更新林冻土温度月动态

参 考 文 献

柏松林，吴德成，1994. 中国大兴安岭植物志［M］. 哈尔滨：黑龙江科学技术出版社.

常晓丽，金会军，于少鹏，等，2001. 中国东北大兴安岭多年冻土与寒区环境考察和研究进展［J］. 冰川冻土，30
  （1）：176-182.

常晓丽，金会军，何瑞霞，等，2011. 大兴安岭林区不同植被对冻土地温的影响［J］. 生态学报，31（18）：
  5138-5147.

迟伟伟，刘浩，2018. 徐州地区土壤阳离子交换量的测定［J］. 环境保护与循环经济，38（6）：48-50.

郭占荣，荆恩春，聂振龙，等，2002. 冻结期和冻融期土壤水分运移特征分析［J］. 水科学进展，13（3）：298-302.

金勇进，2001. 缺失数据的插补调整［J］. 数理统计与管理（6）：47-53.

李光强，赵地，邓敏，等，2009. 基于邻近域的不完备空间数据探测方法［J］. 计算机工程与应用（3）：145-
  147，151.

梁永荣，2013. 森林气象自动监测仪的研究［D］. 南京：南京林业大学.

廖岳华，樊娟，陈世雄，等，2010. 我国地表水环境质量评价存在的问题与建议［J］. 安全与环境工程，17（3）：
  55-58，63.

牛兆君，张喜发，冷毅飞，等，2009. 大兴安岭多年冻土起始冻结温度测试研究［J］. 低温建筑技术（6）：86-87.

苏联科学院西伯利亚分院冻土研究所，1988. 普通冻土学［M］. 郭东信，刘铁良，张维信，等译. 北京：科学出
  版社.

王飞，张秋良，2015. 兴安落叶松天然林碳密度与碳平衡研究［M］. 北京：中国林业出版社.

肖明耀，1985. 误差理论与应用［M］. 北京：中国计量出版社.

尤鑫，2006. 大兴安岭草类落叶松林冻土融化期土壤水分动态变化规律研究［D］. 呼和浩特：内蒙古农业大学.

俞德浚，2004. 中国植物志［M］. 北京：科学出版社.

张秋良，2014. 内蒙古大兴安岭森林生态系统研究［M］. 北京：中国林业出版社.

张腾飞，王锡淮，肖健梅，2007. 不完备信息系统的一种属性相对约简算法［J］. 计算机工程（9）：184-185，198.

赵丽宏，2013. 试论森林土壤及其在林业发展中的作用［J］. 科技创新与应用（2）：201.

Chang X L, Jin H J, Wang Y P, et al., 2012. Influences of vegetation on permafrost：a review［J］. Acta Ecologica
  Sinica, 32（24）：7981-7990.

Perma F I, Siberian B, 1988. USSR academy of sciences general geocryology［M］. Beijing：Science Press：46-287.